现代城市园林景观
设计与规划研究

郭佳丽　巩汉亭　王娟娟　著

吉林科学技术出版社

图书在版编目（CIP）数据

现代城市园林景观设计与规划研究 / 郭佳丽，巩汉亭，王娟娟著. -- 长春：吉林科学技术出版社，2022.9
ISBN 978-7-5578-9643-0

Ⅰ．①现… Ⅱ．①郭… ②巩… ③王… Ⅲ．①城市－园林设计－景观设计－研究②城市－园林设计－景观规划－研究 Ⅳ．①TU986.2

中国版本图书馆 CIP 数据核字(2022)第 179543 号

现代城市园林景观设计与规划研究

著　　　郭佳丽　巩汉亭　王娟娟
出 版 人　宛　霞
责任编辑　周振新
封面设计　南昌德昭文化传媒有限公司
制　　版　南昌德昭文化传媒有限公司
幅面尺寸　185mm×260mm
开　　本　16
字　　数　230 千字
印　　张　10.75
印　　数　1-1500 册
版　　次　2022 年 9 月第 1 版
印　　次　2023 年 3 月第 1 次印刷

出　　版　吉林科学技术出版社
发　　行　吉林科学技术出版社
地　　址　长春市福祉大路 5788 号
邮　　编　130118
发行部电话/传真　0431—81629529　　81629530　　81629531
　　　　　　　　　　81629532　　81629533　　81629534
储运部电话　0431-86059116
编辑部电话　0431-81629510
印　　刷　三河市嵩川印刷有限公司

书　　号　ISBN 978-7-5578-9643-0
定　　价　75.00 元

前言 Foreword

随着人们生活水平的提高，城市建设在经历城市改造工程中的城市广场、景观大道、小区绿化、公园、公路绿化以后，人们对环境视觉景观设计日益重视。

中国古典园林是世界园林之母，作为农耕时代的精神物化的载体，曾对世界园林景观的发展做出了巨大的历史贡献。随着工业时代的到来，源于文人士大夫闲逸思想的中国古典园林面临着文化与形式革新：城市的大规模发展，工业用地对人居空间的逐渐侵蚀，使现代城市环境设计的人性化议题得到空前的重视，在学界展开了旷日持久的关于环境营造与人居关系的研讨。当代的中国，园林艺术的范畴随之拓展，传统造园观念得到重新诠释，与"景观"的狭义概念相融合，它把庭院式园林扩大到涵盖城市公园、城市广场、住宅区生态环境、滨水区景观、街头装置等在内的更广泛的视角。

鉴于人居空间当以人为参照主体的根本原则，园林景观设计的功能、尺度均要符合人的基本活动需求，并且要更深层次地开发地域文化和引入生态造景的理念，以可持续的发展观为主旨，寻求环境之于人的最大程度的满足及资源的可循环利用。这是未来园林景观设计的必然趋势。

城市园林景观设计是一项巨大的系统工程，兼有艺术、文学、土木工程学、生态工程学、生物学、人机工程学、声学、光学等学科以及园林、建筑、构造、材料、城市规划等领域的内容，同时也是集艺术和科学为一体的，以自然为条件，以人性化的环境设计为目的的综合性边缘学科。由于我国园林景观专业开设相对略晚，对学科的认识较多地停留于狭义的界定，而且全面系统的专业书籍尤其匮乏。本书试结合多年经验积累，将史论、设计理论与设计实践相结合，注重实际操作和手绘技法的训练，以适应广大学习者需求。

在本书的策划和编写过程中，曾参阅了国内外有关的大量文献和资料，从其中得到启示；同时也得到了有关领导、同事、朋友及学生的大力支持与帮助。在此致以衷心的感谢！本书的选材和编写还有些不尽如人意的地方，加上编者学识水平和时间所限，书中难免存在缺点和谬误，敬请同行专家及读者指正，以便进一步完善提高。

前言 Foreword

目　录

第一章 园林景观设计的类型及原则

第一节 园林景观设计的类型

我们可以看到，不管是中国的皇家园林还是私家园林，它们的共同特征都是一个供少数富人观赏游乐的封闭式园林。新中国成立后，由于经济体制的改变，私家园林陆续由私有转为公有，开始向公众开放，私家园林的使用功能也转向了以观赏为主。城市公园是国家利用自然风景比较好的环境集中修建的公园，这种公园建成后，原景观的面积、空间相对都扩大了许多，公园绿地内设置了许多游乐、运动、休憩的场所，基本满足了广大市民的要求。公园满足了市民需要户外活动的绿地空间的要求，同时也满足了人们热爱自然及与自然和谐相处的基本愿望。随着经济的飞速发展，城市人口的急剧递增，城市居住形式发生了巨大的变化，相对应的城市小公园、街道小公园及小区花园等也陆续出现，称作一般公园。

一、自然风景

所谓自然公园，就是在地理位置上具有一定观赏价值的公园，一般是以地名命名的地方性公园，例如，张家界森林公园、神农架国家森林公园、海螺沟冰川森林公园、西双版纳森林公园、老山森林公园、狮子山公园等。这类公园都是以得天独厚的地理位置取胜而建立起来的，因此其以独特的自然美景而具有一定的观赏价值，这种观赏优势吸引了游客。例如，张家界森林公园，大自然的旷世之作，纳南北风光，兼诸山之秀，如独一无二的风景奇书，更好像一幅百看不厌的山水长卷；又如神农架国家森林公园，原始生态，生物丰富，绚丽多彩；海螺沟冰川公园，冰川与原始森林共生，是多种植物与冰火两重天的神话世界；西双版纳森林公园的神秘雨林，野象及傣家竹楼构成了纯净、淳朴的情节；老山森林公园是用自然森林为依托，依山傍水，风景秀丽；狮子山公园是以面临长江的自然风光为优势，借山的自然清秀，登上山顶的望江楼，可看到长江的壮丽景观。总之，人们在不同的自然公园中能够领略到不同的大自然的美丽，引发人们更加关爱大自然，保护生态环境，提高环保意识，自觉维护地球的生态环境。

自然公园的建设在不破坏原有自然特性的前提下，以利用、维护、发挥自然生态极致美为目的，给人们提供最大的观赏度和进入自然环境的优势。因此，公园内建筑及公共设施的建设都是以最大限度地方便人们观赏自然风景为前提，而不是人为地破坏大自然，随意添加建筑物。人工物要尽可能减少，让自然美景体现得淋漓尽致，使人们真正感受到在自然怀抱中的美丽和温馨。

二、主题公园园林设计

通常公园是以绿化为主体的公共活动空间，为人们提供优质的户外活动空间。随着经济文化的发展，不同年代、不同文化类型的需求使得公园的内涵发生了深刻的变化。公园的类别开始细化，出现了不同的类型。每个公园既有共性，也具有自己的个性，其共性是都有一个公共的活动园地和花木绿地环境，个性就是在公园的活动内容上各有不同，因此出现了主题公园。

主题公园一般是以公园的主要内容命名，概括起来有以下几个方面：

1. 风土人情的公园

是以国家风俗为主，传播一种乐趣和异国风情的乐园，其内容从建筑风格到整体色彩、游具造型都具有本国的民族风格。置身其中，游客可以体会和感受到浓厚的风土人情和传统风俗。此类乐园有西班牙公园、丹麦公园、小世界公园、地球村公园等。

2. 艺术性为主的公园。例如，雕塑公园、碑林公园、奥林匹克雕塑公园、博物馆园林景观等。雕塑公园是以多种雕塑形式汇集在一起的公园，有独立式雕塑、群组式雕塑、写实的雕塑、抽象的雕塑、电动雕塑，还有巨大雕塑等。它的内容十分丰富，造型独特有趣，风格千变万化，具有较高的艺术观赏价值，人们在观赏雕塑的同时，也接受着艺术的熏陶和心灵的感动。比如，日本雕塑公园的作品来自各个国家，都是世界著名雕塑家所作，具有极高的观赏价值。公园中的雕塑就有上千个，坐落在野外的自然山峦中，规模非常大，足够人们长时间地细细品味和观赏。

3. 知识性为主的公园

例如，常见的植物园、动物园、海洋公园及生态公园等。动植物园是以动植物为主要内容，并附有动植物知识的公园；海洋公园一般靠海边，是内容含有海洋知识的公园。通过逛这类公园可以认识许多动植物，掌握了一定的知识，对动植物生态等有一个很好的了解，促使人们爱护环境，保护自然生态资源。

4. 纪念性为主的公园

例如，奥林匹克公园、和平公园、总统府花园、莫愁湖公园、宝船厂遗址公园及烈士陵园（雨花台、中山陵等）等。纪念性公园一般指公园的内容，或人物，或地点，具有重大历史意义，具有一定的教育意义和纪念意义。如南京中山陵，是纪念民主革命的先驱孙中山先生的陵园，记录了辛亥革命的历史篇章；雨花台是爱国英雄烈士牺牲的地方，是进行爱国主义教育的地方；总统府遗址刻写了民国政治文化，见证了解放南京的历史；莫愁湖公园讲述了古代民间能歌善舞的莫愁女的爱情故事。总之，纪念性主题公园充满了丰富的历史故事，为后人了解历史，弘扬正义，指导当今的工作生活及对人生都有一定的教育意义。

5. 健身为主的公园

例如，青少年公园、运动公园等。内容一般有各种运动项目，如篮球、足球、网球、游泳、自行车、爬山、蹦极等。因为这一类公园是以健身为目的的，所以与一般公园相比，运动项目集中而齐全。

6. 故事性为主的游乐公园

根据众所周知的著名小说或童话故事来命名公园名称，以故事中的人物、情节等展开各种活动为主要内容的游乐公园，如迪士尼乐园等。活动内容比较丰富，有动有静，有惊有险，有紧张、有平和、有恐怖、有探险和有兴奋，让人们在游乐中感悟故事的各种情趣和情节，体验各种经历。

7. 教育性为主的公园

例如交通公园、市民农园等。交通公园是以交通法规为基准，把城市街道缩小化后在公园中具体实施，让孩子们在小公园游玩中具体体验和掌握好车、人的交通知识，以及识别交通标志等法规知识，同时教育孩子们做一个遵纪守法的人。农业公园是以爱劳动、了解农业生产知识为目的的公园。这些公园对于现代的孩子有一定的教育意义，对现今的学习和生活都有着不可低估的作用。

三、住宅区园林设计

住宅小区公园又称花园小区，是指具有一定绿化环境的户外公共活动空间，即提供和满足市民的户外基本活动空间，丰富人们的居住生活，美化和保护城市生态环境，提高市民生活，提升城市品位。

一般住宅小区公园的主要功能包括：①提供户外活动环境，促进健康；②绿化环保，调节空气；③植物观赏，陶冶性情；④休憩养心，调节心理；⑤美化城市，繁荣市民文化；⑥为防灾避难提供安全空地。这种带有普遍意义的住宅小区公园，深受广大市民的喜爱。就市民之便建设公园是人性化设计的体现，孩子的游戏、大人的交流、老人的娱乐及晨练、散步、休憩等都可以得到充分的满足。实用化的住宅小区是市民生活中不可缺少的一部分。公共性、开放性、实用性成为了住宅小区的主要特点。

以人为本是住宅小区公园设计的基本原则，要考虑不同年龄层和文化层问题，要有针对性和代表性，为绝大多数人的生活居住提供方便。绿化要丰富多样，绿树成荫，四季色彩多变，提供充分享受自然的室外活动空间。

住宅小区风景设计要注意消防通道以及小区的通道畅通问题。消防通道一般单行道要保证在 3m 以上，双行道在 6m 以上。车道的贯通保证了小区居住人群的搬家、救护等应急措施的实行，是安全的必要因素。

在植物配置中也要注意安全问题，禁止栽有毒素的植物，以防孩子误食。还有水景的安全问题，尖锐的石头等都要处理好，避免意外事故发生。除了安全意外，小区景观内配备休息、路灯、垃圾箱等服务设施也是不可忽视的。

日本名古屋的人口是 200 万左右，而大小公园就有 1000 多个，可见市政府对市民活动空间的重视。这不仅给城市市民带来了实惠与关爱，还增加了大片绿地，美化了城市环境；为居住人群提供了安全避难地，增添了城市环境中应有的祥和与温馨气氛。每个居住区都设有与居住群相应大小的公园，特别是大的居住群必有一个大的公园，为附近居民，尤其是孩子提供方便的活动场所。

第二节 园林景观设计的组织原则

一、统一性

这一原则能把单个设计元素联系在一起，进而让人们易于从整体上理解和把握事物。例如，当这一石块被自然之力分成几块时，碎块在大小和形状上都可能差别很大，但仍处于原始石块的大致位置。统一性就是要具有单体和整体的共性，能把不同的景观元素组合成一个有序的主题。因此，利用第二章所讲的主题技巧就能建立一个统一的框架。

其他的统一技巧包括对线条、形体、质感或颜色的重复——当需要把一组相似的元素连接成一个线性排列的整体时，这种方法特别奏效。

如果不遵循统一性的原则，设计就会变得杂乱无序。例如，设计混乱的植物丛，或者各种石块随机散置于鹅卵石地面上，或者随机堆积在一起。

二、顺序

这一原则同运动有关。静止的观景点，如平台、坐凳或一片开敞的空间，是重要的间隔点。我们穿越外部空间的同时也在体会着这一空间，这些空间和事件之间的一系列联系物就是顺序：水从山涧的小溪中缓缓流出，渐渐变成瀑布，汇成一泓深潭，然后急速奔流，终归江湖。同样，设计者在外部空间设计时也应考虑方向、速度及运动的方式。精心布置的顺序应该有一个起始点或入口，用以指示主要路径。接下来应该是各种空间和重要景点，它们整个被连接成为一个逻辑的过程。其结束点应该是主要的间歇点，并且要展示出一种强烈的位置感，居于全景中心。它也可能是通向另一个序列的门槛。事实上，有多条道路和顺序也是可行的。

很多原则（强调、聚焦、韵律、平衡、尺寸等）利于形成顺序。含有一些使游人不断产生新发现的顺序是有效的顺序。最好不要在开始显露出所有景致，一个拐角能隐藏连接的空间或重要景点；一条缝隙能使远处的景致若隐若现。不断发现的兴奋会增加游历的乐趣。

当你要设计一些具体的形体时，不妨先自问以下这些实用的问题：

（1）整个设计中的每一部分都能作为一个优美的景致吗？

（2）各个元素能彼此融合且同周围环境相融合吗？

（3）我使用了足够的种类、有限的强调，并且给游人带来发现的机会了吗？

（4）设计中的每一样东西都绝对需要吗？我已经取消了所有无意义的形式、无关的材料和多余的物体了吗？

三、尺度和比例

这一原则涉及高度、长度、面积、数量和体积之间的相互比较。这种比较可以在几种元素之间，也可在一种元素及其所在的空间之中进行。重要的是，我们倾向于把看到的物体同我们自己的身体进行比较。

"微型尺寸"是指小型化的物体或空间，它们的大小接近或小于我们自身的尺寸。

"巨型尺寸"是指物体或空间超出我们身体的数倍，它们的尺度大得使我们不能轻易理解。这种大能引起惊叹和惊奇之感，有时甚至是过度的压迫感。

在这两种尺寸之间就是人体比例的尺寸，即物体或空间的大小能很容易地按身体比例去估算。当水平尺寸是人身高的2～20倍、垂直尺寸是水平宽度的1/3～1/2时，尽管不能精确地目测尺寸，但此时的空间尺度是使人感觉适宜的尺度。

在人体比例尺寸这一较宽的范围内，人们常常喜欢根据经验划分成不同的级别：某一空间可能适宜数目较多的人群活动，而另一空间却适宜少量的人活动。空间级别是界定空间范围的概念。但是平衡和尺度的原则不能简单地理解为好或坏、必需或不需要的关系，它们被设计者掌握以后，能创造出激发某些情感的作品。

四、平衡

这是对平衡状态的一种感觉。它暗示着稳定，被用于引起和平和宁静的感受。在景观设计中，它更多地应用于从静止的观察点处进行观察，如从阳台上、人口处或休息区进行观察。观察到的一些景象之所以比其他更能吸引我们的注意力，主要是因为它们对比强烈或是不同寻常。当各种吸引人的物体在假定的支点上保持平衡时，人们就会感觉思想上很放松。景观中的这种平衡通常是指沿透视线方向垂直轴上注意力的平衡。

规则式的平衡是指几何对称的图形，他的特点是在中轴的两侧重复应用同一种元素。它是静态的和可预测的，并创造一种威严、尊严和征服自然之感。

不规则式的平衡是没有几何形体和非对称的。它常是流动的、动态的和自然的，

现代城市园林景观设计与规划研究

并创造一种惊奇和运动之感。

五、协调性

这是元素和它们周围环境之间相一致的一种状态。和统一性所不同的是，协调性是针对各元素之间的关系而不是就整个画面而言的。那些混合、交织或彼此适合的元素都可以是协调的，而那些干扰彼此完整性或方向性的元素是不协调的。用一些具有真实感的自然材料处理园林景观中的问题比用无艺术感或功能性的人造材料要协调得多。一条总的原则是避免出现不协调、生硬或不牢固。

六、趣味性

这是人类的一种好奇、着迷或被吸引的感觉。它并非是基本的组织原则，但从美学角度上说是必需的，因此也是设计成功与否的关键。通过使用不同形状、尺度、质地、颜色的元素，以及变换方向、运动轨迹、声音、光质等手段可以产生一定的趣味性。使用那些易于引起探索和惊奇兴趣的特殊元素以及不寻常的组织形式，能进一步加强趣味性。

七、简单

这是减少或消除那些多余之物的结果，也就是要使线条、形式、质感、色彩简洁化。因此，它是使设计具有目的性并清晰明了的一种基本组织形式。但是过于简单也可能导致单调。

八、车富

丰富是简单的对立面。如果不保持一个很强的统一主题，过多的元素就会导致无序。简单和丰富之间没有精确的界限，但寻找它们之间的平衡点及寻找场所和项目之间的平衡点是至关重要的。

九、强调

这一原则是指在景观设计中突出某一种元素。它要求一种布局要强调一种元素或一个小区域，使之具有吸引力和影响力。有限地使用强调能使游人消除视觉疲劳，并能帮助组织方向。当你能很容易地判断出哪一项最重要时，你的设计将会变得更加令人愉快。

强调主要通过对比来表现。可以在一些较小的群体中布置一个大的物体，在无形的背景下布置一个有形的实体，在暗色调之中布置一种明亮的色调，在精细的质地之中布置一种粗糙的质地，或者是使用一种类似瀑布的声音。

6

十、框景和聚焦

框景和聚焦强调的是另一种表现。它们需要有一定的外围景观相配合。当周围元素的排列利于观察者注视某一特定的景象时，可使用框景和聚焦手法。其中，必须注意的是聚焦的区域具有欣赏的价值。

当强调的原则被应用在线形景观元素或者某种图案上时，就会产生韵律。韵律是有规律地重复强调的内容。间断、改变、搏动都能给景观带来令人激动的运动感。

十一、形体整合

一是使用一种设计主体固然能产生很强的统一感（如重复使用同一类型的形状、线条和角度，同时靠改变它们的尺寸和方向来避免单调）。但在通常情况下，需要连接两个或更多相互对立的形体。

二是或因概念性方案中存在几个次级主体；或因材料的改变导致形体的改变；或因设计者想用对比增加情趣。不管何种原因，都要注意创造一个协调的整合体。

三是最有用的整合规则是使用90°角连接。当圆与矩形或其他有角度的图形连接在一起时，沿半径或切线方向使用直角是很自然的事。这时所有的线条同圆心都有直接的联系，进而使彼此之间形成很强的联系。图1-48的上半部分显示出几种可能性。

四是90°连接也是蜿蜒的曲线和直线之间及直线和自然形体之间可行的连接方式。平行线是两种形体相接的另一种形式。钝角连接的方式不太直接，适用于某些情况。锐角在连接时要慎重使用，由于它们经常使对立的形体之间显得牵强附会。

五是可以通过缓冲区和逐渐变化的方法达到协调的过渡效果。缓冲区意味着给相互对立的图形之间留出整洁的视觉距离，以缓解任何可能的视觉冲突。

六是除了设计者在一种形式和另一种形式之间用几个中间形式过渡以外，逐渐变化的方法与前者有相似的效果。

十二、生态性

生态性是指园林中各要素在改善周围环境，例如涵养水源、净化空气、水土保持方面所起的作用，强调人与自然的和谐关系。

1. 从自然中获得灵感

对自然的珍视和虔诚的热爱，可带给设计师丰富的设计灵感和创作源泉。很多设计，其灵感都来源于大自然。好的园林景观设计作品应该"虽为人工，俨然天成"，设计师以自然为导师，从对自然的感受（声音的倾听和景观的阅读）中，形成通过设计的"有为"来达成对基地的看似"无为"的景观设计特征。把天然形成的风景转化为景观设计语言，自然本身自有其大美，人的活动应在自然的背景下去完成。

2. 充分利用自然界原有资源

真正的园林景观设计并不是任意去破坏自然、破坏生态，而应充分发挥原有景观的积极因素，因地制宜，尽可能利用原有的地形及植被，避免大规模的土方改造工程，争取用最少的投入、最简单的维护，尽量减少因施工对原有环境造成的负面影响，以人类的长远利益为着眼点，减少不必要的浪费，尽可能地考虑物质和能源的回收和再利用，减少废物的排放，增强景观的生态服务功能。例如，德国柏林波茨坦广场地面和广场上的建筑屋顶都设置了专门的雨水回收系统。收集来的雨水用于广场上植物的浇灌、广场水景用水的补充及建筑内部卫生的清洁等，有效地利用了自然降水。

3. 注重对自然的体验

现代人对自然的渴望尤为迫切，对自然的感受和需求也更为细腻和多样。园林景观无论是花园还是公园，都是作为人们感受自然、与自然共呼吸的场所。天空的阴晴明暗、云聚云散、风的来去踪影、雨的润物无声和植物的季相变化，应该是设计时常常捕捉的对象并反映在设计中，让人们身处其中能真切地感受到这些微妙的变化，享受"天人合一"的美好境界。景观要反映人们对于自然与土地的眷恋和热爱，搭起人与自然的天然情感桥梁，强调人与自然的生态性联系。

例如，许多景观作品都非常关注地面铺装的设计，运用多种材料拼出精美复杂的图案。在潮湿多雨、天气变幻莫测的情况下，铺装图案的不同效果反映了不同的天气状况。一些景观设计师，常常在作品中设计一些浅浅的积水坑，不仅在下雨的时候能积聚少量的雨水，而且能在放晴后倒影天空的变化，进而感知自然。

4. 尊重自然的准则

在园林景观设计中，生态的价值观是设计中必须尊重的观念，它应与人的社会需求、艺术与美学的魅力同等重要。设计中，应该重视环境中的水、空气、土地、动植物等与人类密切关联因素的内在关系，注重设计中的规模、过程和秩序问题，对生态环境不断地给予深刻理解，在园林景观设计中予以重视并体现在具体措施和环节中。

从方案的构思到细节的深入，时刻都要牵系这一价值观念。应该以这一观念支撑生态景观的设计，在设计与生活时尊重自然带给我们的生命的意义，时刻有着尊重环境、理解自然的态度，合理运用自然因素、社会因素来创造优美的、生态平衡的人类生活地域。

具有"大地雕塑"之称的法国特拉逊·拉·维乐德尔公园，可作为传统自然要素运用的典范代表，它高踞于特拉逊·拉·维乐德尔山坡上，浑然天成的地貌给人以不屑人工雕琢之感，仿佛稍加涂抹便可以令其尽显风采。其地形、草地、森林、河流构成了园中诗般的意境，露天剧场、道路、堤坝等则体现了人类与自然的融合，桅杆、风铃、喷泉这些具有当地风情的细部，如同画龙点睛般地透出场地的灵气。整体设计运用多种要素巧妙地体现了"造园如做诗"的境界。

十三、文化性

文化性是指园林中各要素所体现的具有地域特色的历史文化的延续，是园林景观设计通过隐喻与象征等手法传达出的文化内涵。即使同样的使用功能，因其地域、文化、气候及适用对象等的差异，也会对其园林景观设计提出不同的要求。

1. 体现民族传统地域性准则

随着经济的发展、城市规模的扩张，保持地方历史性、文化性及自然地理特质显得具有深刻的时代价值，图 1-55 表现了当地自然风情的度假区景观。

园林景观设计应根植于所处的地域。地域性准则是在对局部环境的长期体验中，在了解当地人与自然和谐共处的模式的基础上做出的创造性设计。遵循这一原理主要表现为尊重地域的精神和建材等，创造具有自然特征、文化特征的景观，突出地方文化与地域特征。

有的设计师善于从各自的民族传统和自然环境中汲取设计灵感、提炼设计语言，通过与现代设计的结合，形成地方主义的特色。例如，尽管有强国的入侵，世界流行风格也在不断变更，但斯堪的纳斯维亚景观设计几十年来坚持走自己的道路，设计师常常采用自然或有机的形式，以简单、柔和的风格创造出富有诗意的园林景观，以朴素自然、温馨典雅和功能主义的简洁风格赢得了人们的尊敬。

2. 独特的文化内涵

现代设计师应当从时代特征、地方特色出发，顺应文脉的发展，发展适合自己的风格。人类所生存的环境包括园林中的花草树木等，均能唤起人类强烈的情感和联想。设计师在作品中，通过精心的艺术构思，表达出心中臆想的感念，引起人们的共鸣。这种具有深层内涵的园林景观的价值，就在于人们通过所获得的心灵感应，传达了对环境的联想。这种联想唤起了人们已失去的感觉，并且通常附加了一些丰富、奇想甚至幽默感。

法国宫廷花园壮丽的轴线诞生的原动力来自现实路易十三帝皇控制与征服力量的强烈意愿，浓郁氛围的日本庭园产生于精心的维护和一系列复杂的文化背景，意大利城市广场特色源于富有生气的社会生活方式等。像拙政园、网狮园等我国许多优秀的园林都是我们学习和借鉴的榜样，这些园林景观不仅富有自然界的生命气息，具有符合形式美规律的艺术布局，而且还能通过诗情画意的融入、景物理趣的构思，表达出造园者对社会生活的认识理解及其理想追求，他的景观除了具有一般外在的形式美之外，还蕴含着丰富深刻的思想和文化内容。

现代园林景观通常是城市历史风貌、文化内涵集中体现的场所。其设计首先要尊重传统、延续历史、文脉相承，取其精华，使设计富有文化底蕴。中国的景观设计思想源于中国传统文化。皇家园林、宫殿建筑是受儒家思想影响的最具典型性的景观，儒家思想影响下的园林景观设计一般都具有严格的空间秩序，讲究布局的对称与均衡。其中，故宫是现在保存下来的规模最大、最完整，也是最精美的宫殿景观建筑，主要建筑严格对称地布置在中轴线上，体现了封建帝王的权力和森严的封建等级制度。道教思想影响下的中国古代园林景观设计体现了"天人合一"的文化底蕴，如天坛、江南园林等，充分展示了中国古代园林景观设计的群体美、环境美、亲和自然的理想境界。其次，设计在继承和研究传统文化的基础上，又要有所创新，由于人们的社会文化价值观念又是随着时代的发展而变化的。

3. 对称与均衡

均衡是部分与部分或整体之间所取得的视觉力的平衡，有对称平衡和不对称平衡两种形式。前者是简单的、静态的，后者就随着构成因素的增多而变得复杂，具有动态感。

对称平衡，从古希腊时代以来就作为美的原则，应用于建筑、造园、工艺品等许多方面，是最规整的构成形式。对称本身就存在着明显的秩序性，通过对称达到统一是常用的手法。对称具有规整、庄严、宁静及单纯等特点，但过分强调对称会产生呆板、压抑、牵强、造作的感觉。对称之所以有寂静、消极的感觉，是由于其图形容易用视觉判断。见到一部分就可以类推其他部分，对于知觉就产生不了抵抗。对称之所以是美的，是由于部分的图样经过重复就组成了整体，因而产生一种韵律。对称有三种形式：一是以一根轴为对称轴，两侧左右对称的轴对称，多用于形态的立面处理上；二是以多根轴及其交点为对称的中心轴对称；三是旋转一定角度后的对称的旋转对称，其中旋转180°的对称为反对称。这些对称形式都是平面构图和设计中常用的基本形式。

不对称平衡没有明显的对称轴和对称中心，但具有相对稳定的构图重心。不对称平衡形式自由、多样，构图活泼、富于变化，具有动态感。对称平衡较工整，不对称平衡较自然。在我国古典园林中，建筑、山体和植物的布置大多都采用不对称平衡的方式。推崇的不是显而易见的提议，而是带有某种含混性、复杂性及矛盾性的，不那么一眼就能看出来的统一，并因而充满生气和活力。

十四、节奏与韵律

园林景观空间中常采用简单、连续、渐变、突变、交错、旋转、自由等韵律及节奏来取得如诗如歌的艺术境界。

简单韵律是由一种要素按一种或几种方式重复而产生的连续构图。简单韵律使用过多，易使整个气氛单调乏味，有时可在简单重复基础上寻找一些变化。创造具有韵律和节奏感的园林景观，如等距的行道树、等高等间距的长廊、等高等宽的爬山墙等，即为简单的韵律。

渐变韵律是由连续重复的因素按一定规律有秩序地变化形成的，如长度和宽度依次增减或角度有规律地变化。交错韵律是一种或者几种要素相互交织、穿插所形成的。两种树林反复交替栽植，登山道踏步与平台的交替排列，即为交替韵律。由春花、夏花、秋花或红叶几个不同树种组成的树丛，便形成季相韵律。

中国传统的园路铺装常用几种材料铺成四方连续的图案，游人一边步行，一边享受这种道路铺装的韵律。例如，一种植物种类不多的花境，按高矮错落做不规则的重复。花境花期按季节而此起彼落，全年欣赏不绝，其中高矮、色彩、季相都在交叉变化之中，如同一曲交响乐在演奏，韵律感丰富。一个园林的整体是由山水、树木、花草及少量的园林建筑组成的千姿百态的园林景观，尤其是自然风景区更是如此，其可比成分比较多，相互交替并不十分规则，产生的韵律感像一组管乐合奏的交响乐那样难以捉摸，使人在不知不觉中得到体会，这类艺术性高且比较含蓄的韵律节奏耐人寻味，引人入胜。

十五、以人为本

1. 注重人情味

深感孤独的现代人在内心深处其实更渴望相互间的交往及沟通，设计应顺应这一愿望，给人们交往提供良好的空间和氛围，在设计时要体现一切设计都以人为本的原则。

如设计中运用人体工程学，充分尊重人体尺度和人的活动方式，使作品表现舒适和亲切的内涵；质感是材料肌理和人的触感的基础，重视作品材料的触觉感受，讲究作品使用的舒适度，通过材料的精心选择和运用，把冰冷变为温馨，让设计充满人情味和美学品质。

2. 宜人性原则

（1）功能性原则确保了人们特定行为的发生，而宜人性原则体现了人们对于更加美好舒适的生活方式的追求及较高生活质量的要求，更加关注园林景观场所中的主体感受。宜人性是园林景观设计中必须把握的一项原则。

（2）宜人性的实现要求园林景观设计师对于人性的敏锐洞察，对于人们日常生活长期的细心观察和积累，对于建筑学、心理学、行为学及色彩学等众多学科知识的综合了解。

（3）我国著名的乾隆花园设计充分体现了宜人性原则，他的设计将使用者性情与园林景观风格完美统一起来，满足并体现了使用者的精神文化需求。乾隆花园，即宁寿宫花园，位于宁寿宫的北面，清乾隆三十七年建置，面积约有 6000 ㎡，是乾隆在位时拟定退位后供他养老休憩之处。

花园采用一条线布局，最南端的大门名为衍祺门，进门就为假山，堆如屏障。绕过假山，迎面正中为敞厅古华轩。轩前西南是禊赏亭。

古华轩向北过垂花门，即为遂初堂院落，院内空间开敞，不堆山石、少植花木。

遂初堂后第三进院落的格调突然一变，不但正厅建成两层的萃赏楼，而且院内堆叠山石、植高大的松柏和低矮的灌木，并于山石上建小亭辟曲径，宛若一处独立的小园林。

因中轴线较前院东移，便在西面建配楼——延趣楼，东边建单层的三友轩。第四进院落主体是高大方正的重檐攒尖顶符望阁，其院中假山堆叠，较前院更为高峻，上植青松翠柏，中建碧螺亭。符望阁后即为倦勤斋。

乾隆花园完全遵照乾隆的旨意营造，既有皇家园林的特色，又有江南小园的美妙，装饰以松、竹、梅三友为主，分布错综有致，间以逶迤的山石和曲折回转的游廊，使建筑物与花木山石交互融合，意境谐适，这都反映乾隆皇帝的兴趣爱好。

十六、时代性

时代的发展使得园林景观从功能需求到文化思想都发生了变化，改变着今天的园林景观设计的面貌。尤其在这个文化多元化的时代，给景观设计提出了一些新的要求：设计更要讲求创新及多样性，充分考虑时代的社会功能和行为模式，分析具有时代精神的审美观及价值方式，利用先进成熟的科学技术手段来进行富有时代性的园林景观设计。

1. 形式的多样化

在园林景观设计中，由于建筑外部空间、建筑内部空间、室外空间及自然环境空间等相互融合与渗透，所以园林景观成为人们室内活动的室外延伸空间。设计师逐步探索，将原来用于建筑效果、室内效果的材料与技术用于园林空间。当代设计师掌握了比以往任何时期都要多的材料与技术手段，可以自由地运用光影、色彩、音响、质感等形式要素与地形、水体、植物、园林小品等形体要素来创造新时代的园林景观。

将地形等自然要素创新运用，同样是公园设计形式多样性的源泉。比如，加强地形的点状效果或是突出地形的线形特色，以创造如同构筑物般的多种空间效果，或将自然地形的极端规则化处理。例如，克莱默为1959年庭园博览会设计的诗园，通过运用三棱锥和圆锥台形组合体，使得地形获得如同雕塑般的效果，形成了强烈的视觉效果。再如，喷泉也发生了变革。相信那些根据计算机调节造型、控制高度、形态变化多端的旱喷泉较之于传统的喷泉更别有一番情趣。

2. 多种风格的展现

风格是指园林景观设计中表现出来的一种带有综合性的总体特点。园林景观风格的多样性体现了对社会环境、文化行为的深层次理解。由于人们对园林景观的需求是多样化的，所以园林景观设计需要多种多样的不同风格。在多种艺术思潮并存的时代，园林景观设计也呈现出前所未有的多元化与自由性特征。折中主义、新古典主义、解构主义、波普主义及未来主义都可以成为设计思想的源泉，形成多种风格的并存。

风格是识别和把握不同设计师作品之间的区别的标志，也是识别和把握不同流派、不同时代、不同民族园林景观设计之间的区别的标志。就设计作品来说，可以有自己的风格。就一个设计师来说，可以有个人的风格；就一个流派、一个时代、一个民族的园林景观来说，又可有流派风格、时代风格和民族风格。其中最重要的是设计师个人的风格。设计师应当从时代特征、地方特色出发，发展适合自己的风格。设计师个人创作风格的重要性日益凸显，有自己的设计风格，作品才有生命力，设计师才有持续的发展前景。

3. 追求时代美学和传统美学的融合

面对园林景观设计中不断涌入的各种艺术思潮和主义，一个清醒的设计师应该认识：景观艺术风格不是单纯的形式表现，而是与地理位置、区域文化、民族传统、风俗习惯以及时代背景等相结合的客观产物；设计风格的形成也不是设计师的主观臆断行为，而是经过一定历史时期积淀的客观再现；园林景观艺术风格的体现要与景观主题、景观功能、景观内容相统一，而不是脱离现实的生搬硬套。应将时代与传统美学相结合，以追求和谐完美为设计的主要目标。现代的园林景观艺术已经逐渐凝结了融功能、空间组织和形式创新为一体的现代设计风格，场地的合理规划应主要考虑以下内容：在场地调查和分析的基础上，合理利用场地现状条件；找出各个使用区之间理想的功能关系；精心安排和组织空间序列。

第三节　园林景观设计场地设计原则

一、基本面的考察

场地分析是园林景观用地规划和方案设计中的重要内容。方案设计中的场地分析包括场地自然环境条件分析（地形、水体、土壤、植被、光线、温度、风、降雨、小气候等）和场地人文环境分析（人工设施、视觉质量、场地范围及环境因子）等现状内容。

二、立意

随着对场地现状及周边环境的深入了解和分析，以及对使用对象、使用功能及使用方式的确认，基地的用地性质便自然得以确定。用地性质一旦确定，设计师应根据该性质要求的环境氛围的基调，结合适用人群的文化层次及文化背景所对应的精神层面的需求，充分挖掘场地中一切可以利用的自然及人文特征，融合提炼，赋予该园林景观场地一个富有意境的主题，随之围绕该主题来确定布局形式，继而展开后续的设计工作，即所谓的"设计之始，立意在先"。

立意是谋篇布局的灵魂，是一个优秀的园林景观场所特色鲜明、意境深远、主次有序的保障。在一项设计中，方案构思往往占有举足轻重的地位，方案构思的优劣能决定整个

设计的成败。一个缺乏主题立意的设计，好像盘散沙，即使是百般使用技巧，也往往会形散神乏，流于直白。

好的设计在构思立意方面多有独到和巧妙之处，直接从大自然中汲取养分，获得设计素材和灵感，是提高方案构思能力、创造新的园林景观境界的方法之一（例如古典园林、经典园林）。

三、功能分区

园林景观场地因其各不相同的用地性质会产生不同的功能需求。通过对林林总总的园林景观场地功能进行整理归类，通常来说，园林景观场所通常包含着动区、静区、动静结合区和入口区域等五大类功能区域。当然，并非所有园林景观场地均包含五大功能区，这是由其具体用地面积的大小和用地性质决定的。但一般至少包含两类以上的功能区域。

动区，是指开放性的、较为外向的区域，适于开展众多人群共同参与的集会、运动或是带有表演、展示性的各个类活动。静区，是指带私密性的，较为内向性的区域，适合如休憩、静思、恋人漫步、寻幽探胜及溪边垂钓等少量人流或个体远离尘嚣行为的发生。动静结合区，是指动静活动并列兼容于同一区域或同一区域在不同的时间段产生时而喧闹时而宁静的空间氛围。如大片的草坪空间，当阳光灿烂的春日，一群人来此聚餐、游戏、踏青的时候，它是热闹的、喧哗的，可当人群散去之后，它则呈现出格外宁静的氛围。又如柳枝婆娑的湖岸，常给人以平静深远之感，但节日里的龙舟大赛，又使其成为人头攒动的欢乐的海洋。人口区域因主次之别而可繁可简，通常兼有多重功能，如对游客的礼节性功能、人流集散功能、停车区域、对内部景观气质的暗示等。

在园林景观设计过程中，应将具体功能对应五大功能区域进行归类整理，使动静区域相对独立，自然衔接和过渡。管理区域可设在临近主要出入口且又相对隐秘之处。

初学者在设计场地时，往往先构思如何对现有场地中的具体要素进行改进。实际上，由于此种方法对现有空间缺乏整体性考虑，没有真正地对场地布局进行重新构思、重新设计，所以其结果往往平淡、呆板。

如果设计师运用抽象图形进行构思和布局，可能会使设计另辟蹊径，灵感迸发，创作出前所未有的设计作品。抽象画往往有多种含义和解释，一旦学会以抽象图形的方式来表达和思考，就能以新的方式设计园林景观了。

将图案与方格网结合起来考虑，就能确定构图主题是基于圆形、对角线还是矩形，再将构图主题与场地设计结合，充分发挥空间想象力，考虑各元素在场地中的三维空间关系，然后进行布局。同时要注意光影对空间气氛的塑造。

对场地各要素及其之间的比例和尺度要加以查验，使人体尺度和开阔的户外环境有机联系起来。例如，场地中台阶的尺度要比室内台阶的尺度大得多，在该阶段，也要考虑软、硬地面材料的选用。一般而言，场地中软质景观（草坪、水体和种植）占1/3或2/3的比例是比较合适的。

水是最吸引人的景观元素。在设计之初，就要考虑如何运用水，让水景与其他元素更好地融合，并注意水景与场地其他部分的尺度关系。

考虑好以上因素之后，将设计重点放在场地的地平面设计上，注意要为露台、园路留下足够的空间，并通过竖向要素设计来丰富景观。此时，就能检验出先前的构想是否有疏漏，并进一步优化它们，形成一个初步的园林景观布局规划。

四、确定出入口的位置

园林景观场地的出入口是其道路系统的终点和起点。出入口的设置应在符合规划、交通管理部门的有关规定的前提下，结合用地性质、开放程度及用地规模而定。

1. 开放型景观场地

对应其开放型特征，应多设出入口，以便更多游人的进入和参与。虽然在形式上会有主次出入口之分，但在各出入口均应考虑设置一定量的停车场。

2. 封闭型景观场地

封闭型景观场地，如公园、休疗场地等，可设置若干个出入口，具体数量视公园面积大小及周边地区人流进入的便利性而定。但其主入口应设在主要人流进入的方位，且设置足够面积的广场，以供集中人流的缓冲和集散之用，并应在其附近开辟配套的停车场。封闭型公园，其行政管理区域还应该设置直通外部的后勤专用出入口，以方便对外联系和交流。

五、景色分区

园林景观场地中，拥有具有一定游赏价值的景物，且能独自成为一个景观单元的区域，被称为景点。若干较为集中的景点组成个景区。景点可大可小，大的可由地形地貌、建筑、水体、山石、植被等组成一个较为完整而又富于变化的、供人游赏的景域；小的可由一树、一石、一塔、一亭等组成。景区是景观规划中的一个分级概念，并非所有园林景观设计都设景区，这要视其用地规模和性质而定。通常规模较大的公园、风景名胜、城市公共景观区域等，都由若干个景色各异，主次各有侧重的景区组成。

从心理学和艺术设计角度来看，在园林景观艺术设计的过程中，一个人气旺盛的景观场地也要求各具特色、景色多样的景观区域，才可达到既满足不同人群的需要，又能调动游客的游兴等目的。景色分区虽与功能分区有所关联，但它比功能分区更加细腻，使游客更能获得心灵的享受。

景点之间、景区之间，虽然具有各自相对的独立性，但在内容安排上，应有主次之分。景观处理应相互烘托，空间衔接应相互渗透且留有转换和过渡的余地。

六、视线组织

在游览园林景观设计中，良好的视线组织是游人感知诗情画意的重要途径。设计师应着力开辟良好的视景通道，在游客驻足处为其提供宜人的观赏视角和观赏视域，从而获得最佳的风景画面和最高境界的艺术感受。视线组织的安排可由景序和动线组织的巧妙布置来完成。

人在景观场所中的活动，除了三维空间之外，还穿插了时间轴纬度。通常有起景、高潮、结景的序列变化，即景序。当然，景序的展开虽有一定规律，但不能过于公式化，要根据具体情况有所创新和突破，才能创造出富有艺术魅力、引人入胜的景观。

动线组织即游览线路的组织，游览路线连接着各个景区和景点，它和户外标识系统共同构成导游系统，将游人带入景观场地中，使预先设计好的景序一幕幕地展现在游人面前。动线组织通常采用串联或并联的方式，一般规模较小的场地中，为避免游人走回头路，多采用环状的动线组织，也可采用环上加环与若干捷径相结合的组织方式。

对于较大规模的风景区域的规划设计，可提供几条游览线路供游人选择。鉴于游人有初游者和老游客之分，老游客往往需要依据个人喜好直奔某一最点，而初游者则要依据动线组织做较为系统的游览。因此，需要设计一系列直通各景区、景点的捷径，但是捷径的设计必须较为隐秘，以不干扰主导游览线路为前提。动线组织或迂回，或便捷，都取决于景序的展现方式，或欲扬先抑、深藏不露、出其不意，或者开门见山、直奔主题，或忽隐忽现、引人入胜，使景序曲折展开。

第二章　园林构成要素

园林是自然风景景观及人工再造园林景观的综合概念，园林的构成要素包括自然景观、人文景观及工程设施3个方面。

丰富的自然景观是大自然赐予人类的宝贵财富，利用自然景观而形成的园林以风景名胜区为代表，具体表现为山岳风景、水域风景、海滨风景、森林风景、草原风景和气候风景等。

人文景观是园林的社会、艺术与历史性要素，带有园林在其形成期的历史环境、艺术思想和审美标准的烙印，具体包括名胜古迹类、文物与艺术品类、民间习俗与其他观光活动。人文景观是我国园林中最具特色的要素，且丰富多彩，艺术价值、审美价值极高，是中华民族文化的瑰丽珍宝。

园林工程是指园林建筑设施与室外工程，包括了山水工程、假山置石、道路桥梁工程、建筑设施工程、绿化美化工程等。

第一节　自然景观要素

一、山岳风景景观

山岳是构成大地景观的骨架，我国境内有很多以山景取胜的风景名胜区，如著名的五岳，即山东泰山（东岳）、湖南衡山（南岳）、陕西华山（西岳）、山西恒山（北岳）和河南嵩山（中岳）。明代著名地理学家和旅行家徐霞客曾评价"五岳归来不看山"，更有"黄山归来不看岳"的安徽黄山、"匡庐天下秀"的江西庐山、"青城天下幽"的四川青城山,以及闻名遐迩的佛教四大名山峨眉山、五台山、九华山、普陀山,等等,各大名山独具特色,有的以雄奇著称,有的是以秀美闻名。

山岳风景景观包括山峰、岩崖、洞府、火山口景观、高山景观、古化石以及地质景观等(见表2-1)。

表2-1 山岳风景景观的类型及特征

山岳景观类型	景观特点	著名园林景观举例
1. 山峰	包括峰、峦、岭、峭壁等不同类型,既可登高远眺,又表现出各自不同的景观特征。	云南的石林,各种石峰、石柱成林成片,蔚为壮观,在我国明朝就已成为名胜,现在也是备受中外游客青睐的旅游胜地。湖南的张家界,密集者2 000余座平地拔起的奇峰,或玲珑秀丽,或峥嵘可怖,或平展如台,或劲瘦似剑。黄山的始信峰,三面临空,悬崖千丈,风姿独秀。
2. 岩崖	由地壳升降、断裂风化而形成悬崖崴岩。	泰山瞻鲁台、舍身崖,厦门鼓浪屿,庐山龙首崖。
3. 洞府	洞府使山景实中有虚,是山体中最为神奇的景观。	著名的喀斯特地形石灰岩溶洞,仿若地下宫殿。如桂林芦笛岩洞,洞深240 m,洞内有大量玲珑剔透的石笋、石柱、石幔、石花,令人目不暇接,被誉为"大自然的艺术之宫"。著名的还有江苏的善卷洞、浙江瑶琳洞、安徽广德洞等。
4. 火山口景观	火山口景观是早年火山喷发形成的,包括火山口、火山锥、熔岩流等。	黑龙江省的五大连池,是我国著名的火山游览胜地,有14座形态各异的火山锥,5个相互连通的熔岩堰塞湖,这里还有多处天然矿泉,医疗价值很高。
5. 高山景观	高山景观包括雪山景观、高山湖泊景观和高山植物景观随着海拔高度的增加,气温逐渐下降,因而在高山区山顶终年积雪,形成绮丽壮观的雪山冰川。高山区植被一般垂直分带明显,种类丰富,更有高山珍奇植物景观,如雪莲花、凤毛菊、点地梅等。	我国新疆的天山,耸立着一座座冰峰雪岭,是我国最大的冰川区,有冰洞、冰下河、冰塔林等奇特景观。云南的玉龙雪山,被称为我国冰川博物馆。高山湖泊是高山景观的另一种类型,如四川的九寨沟有118个高山湖泊,空气清新,阳光明媚,有多种珍稀植物。
6. 古化石及地质奇观	为研究古生物、古地理、古气候和开发利用地质资源提供依据。	四川自贡地区有恐龙化石博物馆;山东莱芜地区有寒武纪三叶虫化石,被人们开发制成精美的蝙蝠石砚。

二、水域风景景观

水是大地景观的血脉，著名的园林胜境往往是山水相依。例如著名的桂林山水、漓江山水等，群山竞秀且碧水迂回，构成了生机勃勃的天然画卷。

水域风景景观包括泉水、瀑布、溪涧、峡谷、河川、湖池、潭、海景及岛屿等（见表 2-2）。

表 2-2　水域风景景观类型及特征

水景类型	说明	著名景观举例
1. 泉水	泉水是地下水的自然露头，因水温不同而分为冷泉和温泉。	我国泉水最为集中的城市是山东济南。济南素有泉城之称，有七十二泉，分布于山东济南旧城区，因其地下多岩溶溶洞，内储丰富的地下水，依地势由南向北流动，遇火成岩而回流，与南来之水相激产生压力，遇地面裂缝喷涌而出，形成泉水。水质洁净甘洌，恒温约在 18℃。河北邢台市郊的百泉，因平地出泉无数而得名，面积达 20 多 k㎡，形成了环邢皆泉的天然佳境。而泉水中最为独特的，要数云南大理的蝴蝶泉，泉旁横卧一株古树，每年农历四月，万千蝴蝶群集，一只只连须钩足，首尾相衔，从泉上古树上倒垂至泉面，形成条条彩带，这就是闻名遐迩的"蝴蝶会"。
2. 瀑布	水由高处断崖落下，远望如布垂，因而称为瀑布。园林中常模拟自然界各种形式的瀑布，作成人工瀑布。	世界著名的瀑布有落差最大的委内瑞拉安赫尔瀑布，瀑面最宽的老挝南孔河瀑布，而最壮观的是我国贵州的黄果树瀑布，高达 90 m 的总落差造就了黄果树瀑布惊心动魄的磅礴气势，瀑布如黄河倒倾，十里开外能听到它的轰鸣，百米之外能感受它的雾雨，瀑布后有可穿行的水帘洞，游人可在洞窗内观看倾泻而下的飞流，日落时云蒸霞蔚，扑朔迷离，即为著名的"水帘洞内观日落"。在我国名山风景区中几乎都有不同的瀑布景观，如雁荡山的大小龙湫、庐山的王家坡双瀑等。
3. 溪涧	水由山势高处流下，水流和缓者为溪，水流湍急者为涧。	如杭州龙井九溪十八涧，曲折迂回，清丽秀美。贵州花溪也是著名的游览胜地，花溪河 3 次出入于两山夹峙之中，水青山绿，风光旖旎为了再现自然，古人在庭院中也利用山石流水创造溪涧景色，如杭州玉泉的玉溪，无锡寄畅园的八音涧，都是效仿自然创造的精品。
4. 峡谷	峡谷是地形大断裂的产物，展现出大自然鬼斧神工的魔力。	如我国著名的长江三峡，被群山夹于长江中段，由西到东又分为瞿塘峡、巫峡和西陵峡，瞿塘峡最短，两岸绝壁连峰隐天蔽日；巫峡曲折幽深，巫山十二峰分立大江南北；西陵峡则以滩多水急闻名，悬岩横空，飞泉垂练。
5. 河川	河川是祖国大地的动脉。	著名的长江、黄河是中华民族文化的发源地。自北至南，排列着黑龙江、辽河、松花江、海河、淮河、钱塘江、珠江、万泉河，还有祖国西部的三江峡谷（金沙江、澜沧江、怒江），美丽如画的漓江风光等。

续表

水景类型	说明	著名景观举例
6. 湖池	湖池是水域景观项链上的明珠，她以宽阔平静的水面给我们带来安宁与祥和，也孕育了丰富的水产资源。	我国的湖泊大体分为青藏高原湖区、蒙新高原湖区、东北平原山地湖区、云贵高原湖区和长江下游平原湖区。著名的有新疆天池、天鹅湖，黑龙江镜泊湖、五大连池，青海的青海湖，陕西的华清池。
7. 潭	潭即盛水的深坑，常与瀑布、泉、溪等相联系。	泰山黑龙潭，瀑布自山崖泻下，如白练悬空，崖下一潭，深数丈，即黑龙潭，此为与瀑布结合的潭；云南象山脚下的黑龙潭，潭面宽阔，玉泉涌注，碧水澄澈，玉龙雪峰倒映其中，景色秀丽，此为与泉结合的潭；湖北昭君故里的珍珠潭，为香溪中途的回水潭，此为与溪结合的潭。潭大小不一，有大如湖者，如台湾的日月潭，有小如瓮者，如庐山的玉渊潭。
8. 海景	大海是水面景色最为壮观的水域景观。海上观日出、观海潮、海水浴、沙滩浴是常见的海滨游览活动。	我国内地海岸线长达 18 000 余 km，有很多观海胜地，如辽宁大连、河北北戴河、山东青岛、江苏连云港、厦门鼓浪屿等。
9. 岛屿	我国自古以来就有东海仙岛的神话传说，从秦朝开始，就模拟东海神山的境界，逐渐构成了中国古典园林中一池三山（蓬莱、方丈、瀛洲）的传统格局。	北京的颐和园、承德的避暑山庄、拉萨的罗布林卡，均采用一池三山的布局。岛屿丰富了水体的景观层次，神话传说又赋予岛屿以神秘感，从而增添了游人的探求兴趣。我国园林中知名者有哈尔滨的太阳岛，青岛的琴岛，烟台的养马岛，威海的刘公岛，厦门的鼓浪屿，台湾的兰屿，太湖的东山岛，西湖的三潭印月岛。

三、天文、气象景观

天文气象景观是带有强烈时间特性的一类园林景观，必须要在特定的时间条件下才能观赏到。例如去泰山观日出，必须是晴好天气，杭州西湖的断桥残雪，更是可遇而不可求。正因为如此，这类园林景观都具有较高的景观价值。最为常见的天文气象景观如表 2-3 所示。

表 2-3　天文气象景观

类别	出现的时间或条件	景观特征及价值	著名园林景观举例
1. 日出晚霞	天气晴好的早晨可观日出，晚霞大多在 9—11 月金秋季节欣赏。	日出象征着紫气东来，万物复苏，朝气蓬勃，催人奋进；晚霞呈现出霞光夕照，万紫千红，光彩夺目，令人陶醉。	泰山、华山、五台山以及大连老虎滩、北戴河等地均是观日出的最佳圣地。杭州西湖的"雷峰夕照"、燕京八景之一的"金台夕照"、桂林十二景之一的"西峰夕照"等，均是观晚霞的最佳景点。
2. 云雾佛光	云雾在海拔 1 500 m 以上均可见到，为水汽因山上气温低遇冷凝结而成。"佛光"则是光线在云雾中受大小不一的水滴折射的结果。	雾中登山，置身云海，仿若腾云驾雾，飘飘欲仙。在多雾的山上，早晨或晚上站于山顶，有时会在对着太阳的一侧的云雾天幕上出现人影或头影，影子周围环绕着一个彩色的光环。古人认为这是菩萨显灵而称之为佛光，它的神秘色彩令人神往。	云雾景观在黄山、泰山、庐山都可见到。佛光这种现象在峨眉山出现较多，平均每年可达 71 天，称为峨眉宝光。
3. 海市蜃楼	上下空气层温差很大，导致上下层密度相差悬殊，从而使光线不断折射形成影像（密度上小下大时为正立影像，密度上大下小时为倒立影像）。	海市蜃楼是一种奇异而美丽的幻景。它的名称本身就来源于它的神奇。古人认为，所谓海市，即海上神仙的住所，蜃为蛟龙之属，能吐气为楼，故曰海市蜃楼。沙漠中还经常出现倒立的蜃景，很像是水中倒影，加上大气层不稳定，蜃景发生摇晃，仿佛湖波荡漾，这种假象欺骗过无数沙漠中的旅行者。	最为著名的是山东的蓬莱，称为蓬莱仙境。其次还有广东惠来县神泉港的海面上也可见到。
4. 潮汐	在滨海和江口地区，常见海水或江水每天有两次涨落现象，早上的称为潮，晚上的称为汐。	潮与汐间隔时间约为 12 小时 25 分，每天的早潮或晚汐比前一天平均落后约 50 mm。1 月之中，在满月（望日）或新月（朔日）时的潮差更大，因此朔望时的潮称为大潮。	如著名的钱塘观潮，潮起时海水从宽达 100 km 的江口涌入，受两岸地形影响成为涌潮。每年农历八月十八潮汛最大，其时声若雷霆，极为壮观。
5. 冰雪景观	为冬季特有景观	冰雪在北方多见。南方雪景如出现在晚冬，还可踏雪寻梅，别有一番情趣。	哈尔滨冰雪节特有冰雕艺术；断桥残雪为著名的西湖十景之一。

四、生物景观

生物用不同于其他景观的生命特征及成长特征而成为了园林的重要要素及保持生

态平衡的主体，具体包括植物、动物及微生物等。不同的生物景观分布于园林中，构成了生机勃勃的自然风景。如西双版纳野象谷以热带原始森林景观和数量较多的野生亚洲象而著称于世，有沟谷雨林、山地雨林、季风常绿阔叶林等。丰富的生物景观吸引着无数游人前往观赏。

1. 植物类景观

植物包括森林、草原、花卉 3 大类。我国植物种植资源（基因库）最为丰富，有花植物约 25 000 种，其中乔木 2 000 种，灌木与草本约 2 300 种，传播于世界各地。

森林按其成因分原始森林、自然次生林、人工森林；按其功能分用材林、经济林、防风林、卫生防护林、水源涵养林、风景林等。森林的自然分布类型因气候带而不同，有华南南部的热带雨林，华中、华南的常绿阔叶林、针叶林及竹林，华中、华北的落叶阔叶林，东北、西北的针阔叶混交林及针叶林。现代园林中的森林公园或国家森林公园就是以森林景观为主，一般园林也多以奇花异木作为主要景观。

我国的自然草原主要分布于东北、西北及内蒙古牧区，园林中的草地是自然草原的缩影，是园林及城市绿化必不可少的要素。

花卉以色彩斑斓、芳香四溢、秀美多姿的花朵见长，有木本、草本两种。我国土地辽阔、地形多变，形成了许多的花卉分布中心，如杜鹃属、报春属、山茶属、中国兰花、石斛属、凤仙属、蔷薇属、菊属、龙胆属、绿绒蒿属等。此外，中国海南岛是中国仙人掌科植物的集中分布区。园林中花卉常与树木结合布置，组成色彩鲜艳、芳香沁人的景观，为人们所喜爱、歌咏。

2. 动物类景观

动物是园林中最活跃、最有生气的要素，动物的存在能使园林充满生命力 9 世界各地都有为保护野生动物而建立的保护区，如肯尼亚玛沙玛拉野生动物保护区，是东非最大的动物保护区，有斑马、羚羊、大象、犀牛和印度豹等野生动物，保护区附近的湖边，聚集着千万只红鹤，异常美丽。我国有新疆维吾尔自治区的阿尔金山野骆驼保护区，除珍稀动物野双峰驼之外，还有多种动植物种类；新疆温泉县近年建北鲵自然保护区，北鲵是极为珍稀的有尾两栖孑遗动物，已列入"世界自然和自然资源保护联盟红皮书""中国濒危动物红皮书"。

全世界有动物约 150 万种，包括鱼类、爬行类、禽类、昆虫类、兽类及灵长类等。各地有以观赏鱼类为主的海底世界、水族馆，用观赏兽类和灵长类为主的野生动物园，以观赏鸟类为主的鸟语林，等等。

第二节　历史人文景观要素

一、名胜古迹景观

名胜古迹是指历史上流传下来的具有很高艺术价值、纪念意义、观赏效果的各类建设遗址建筑物、古典名园及风景区等。

1. 古代建设遗迹（见表2-4）

表2-4　古代建设遗迹

古代建设遗迹类型	典型特征	著名景点
1. 古城	古城反映着一个国家或民族城市文化所走过的足迹。一般由城墙、护城河、古建筑、古街道组成。城门一般两重，并常设瓮城。带有鲜明的古文化特征。	山西平遥古城，1997年已被列入世界遗产名录。古城由4大街、8小街、72条小巷组成。完整地保存有古城墙、三重檐歇山顶的市楼、孔庙、平遥县衙、八角形砖木建筑魁星楼等主要建筑，对研究我国城市文化有着极为宝贵的价值。我国的古城还有六朝古都南京、汉唐古都长安（西安）、明清古都北京，以及山东曲阜、河北山海关、湖北荆州古城、云南丽江古城等。
2. 古城墙	为古城的防御性建筑，由城门、城墙、堞楼、垛口、敌台等组成，为防御性建筑。	城墙作为防御性建筑，当首推万里长城。她是中华民族创造的最宏伟的工程奇迹之一，凝聚着我国古代人民的智慧和力量。现存的城墙还有西安古城墙、苏州古城垣、南京古城墙等。前述平遥古城城墙也保存完好，城墙局12 m，长6 000多m，每40-100 m处有马面，马面上有堞楼，共计72个，垛口3 000个，城门分内外两房，中为瓮城，为典型的古城墙结构。
3. 古桥梁	古桥梁是交通手段与建筑技艺的完美结合，多为石拱桥，也有木结构桥、索桥。	古代桥梁中最著名的首推河北赵县赵州桥。这座石拱桥建于隋朝，它的桥洞不是常见的半圆形，而像一张弓，成为"坦拱"，而在两肩拱上加拱的"敞肩拱"做法更是构思精巧，为世界桥梁史上的首创。此桥历经1 300多年的风雨、多次大地震的震撼、无数次洪水的冲击，至今安然无恙。再如北京永定河上的卢沟桥，是座石砌联拱桥，桥全长266.5 m，宽7.5 m，有11个涵洞，卢沟桥的狮子更是举世闻名。桥东的碑亭内立有乾隆御笔"卢沟晓月"汉白玉碑，为"燕京八景"之一。著名的还有苏州宝带桥、广西程阳风雨桥、山西晋祠的鱼沼飞梁等。
4. 其他	多反映我国古代经济与文化特征，带有长期封建统治的烙印。	包括古乡村（村落），如西安的半坡村遗址；古街，如安徽屯溪的宋街；古道，如西北的丝绸之路；古运河，如京杭大运河。

2. 古建筑

世界多数国家都保留着历史上流传下来的古建筑。我国古建筑的历史最悠久，形式多样，结构严谨，空间巧妙，许多的都是举世无双的，并且近几十年来修建、复建、新建的古建筑面貌一新，成为了一类园林或园林中的重要景观。

（1）园林建筑

我国许多著名的亭台楼阁等园林建筑大多和文人台雅事相联系，精美的建筑与文学、绘画、雕刻艺术相结合，成为中国古典建筑的一大特色楼阁。

①亭

亭最初为道路两旁休息之所，十里一长亭，五里一短亭，后来逐渐发展成园林中最常见的园林建筑。

现今保存的古亭著名的有浙江绍兴兰亭、苏州沧浪亭、安徽滁州，醉翁亭、北京陶然亭等。

②台

台比亭出现得早，初为观天时、天象、气象之用。

我国现存最古老的天文观测台是河南登封的观星台，元初全国建 27 处观测站，此台为观测中心。汉阳龟山有古琴台，相传春秋时伯牙在此弹琴，钟子期能识其音律，二人遂成知交。钟子期死后，伯牙以知音难觅，破琴绝弦，终身不再弹琴，后人感其深情厚谊而筑此台。

③楼阁

楼阁，是宫苑、离宫别馆及其他园林中的主要建筑，也是城墙上的主要建筑。

滕王阁、黄鹤楼与岳阳楼为江南 3 大名楼，分别以王勃的《滕王阁序》、崔颢的《黄鹤楼》、范仲淹的《岳阳楼记》而扬名于世。再如西安的钟鼓楼、安徽当涂的太白楼、山东烟台的蓬莱阁、湖北当阳的仲宣楼和云南昆明的大观楼等。

（2）古代宫殿

世界多数国家都保留着古代帝皇宫殿建筑，而以中国所保留的最多、最完整。

北京明、清故宫，原称紫禁城宫殿，是明、清两朝的皇宫，始建于明永乐 4 年。故宫规模宏大，占地 72 万㎡，有殿宇宫室 9 999 间半，周围环绕着高 10 m 长 3 400 m 的宫墙，墙外有 52 m 宽的护城河，是世界上最大、最完整的古代宫殿建筑群。整个建筑群金碧辉煌，被誉为世界五大宫之一。拉萨布达拉宫，于公元 7 世纪松赞干布迁都拉萨，与唐联姻，迎娶文成公主时始建，17 世纪扩建，是世代达赖喇嘛摄政居住、处理政务的地方。布达拉宫是当今世界上海拔最高、规模最大的宫殿式建筑群，包括红宫和白宫两部分，全部依山势而建。中央是红宫，生要用于供奉佛神，安放着前世达赖遗体灵塔，两旁是白宫，是达赖喇嘛生活起居和政治活动的主要场所。布达拉宫内珍藏大量佛像、壁画、藏经、古玩珠宝，集中反映了藏族匠师的智慧和才华，藏族建筑的特点和成就，是了解藏族文化、历史及民俗的宝库。

（3）宗教建筑

宗教建筑，因宗教不同而有不同名称与风格。大致可分为佛寺（含藏传佛教寺）、道观、清真寺等几类。"天下名山僧占多。"我国的宗教建筑，大多位于风景名胜区，风格独具的寺庙建筑与优美的自然风景相结合而成为寺庙园林。

我国第一座佛教庙宇是洛阳的白马寺，建于公元 68 年东汉时期道教圣地首推武当山，明朝永乐年间建成庞大的道教建筑群，殿内供奉曾在此修炼的明代著名道士张三丰的坐像。山西永乐宫也是著名的道教建筑，具有关典籍记载，为道教八仙之一的吕洞宾诞生地。殿内壁画绘于元代，笔法高超，因此永乐宫被称为元代绘画艺术的宝库。

藏传佛教寺庙有西藏拉萨大昭寺，大殿中心部分还有唐代建筑痕迹，其建筑、绘制风格融汉、印度、尼泊尔艺术于一体，与宗教密切相关的各种形式、各种规模的寺塔、塔林，一般用来藏佛体或僧尼舍利和经卷。我国现存的塔很多，著名的有西安大雁塔，河北定县开元寺塔，杭州六和塔、苏州虎丘塔、北寺塔，镇江金山寺塔，上海龙华塔，云南大理三塔，松江兴圣教寺塔等等。

（4）祭祀建筑

祭祀建筑为祭天、地、名人、宗族的建筑。祭天建筑强调天的至高无上地位，在建筑布局、形式和周围环境中均加以突出和强调。祭人建筑以所祭祀的人物弘扬我国传统文化中所崇尚的优良品格、优秀思想。祭祀宗族的建筑基于我国传统道德文化中的忠孝观念和家族意识，称太庙或宗祠。

北京天坛是最为著名的祭祀建筑群，是明清两代皇帝祭天祈谷之所，坛域北呈圆形，南为方形，寓意"天圆地方"，坛区分内坛、外坛两部分，内坛北部祈谷坛中心建筑为祈年殿，为三重檐圆形大殿，覆盖上青、中黄、下绿三色琉璃，分别象征天、地、万物。南部为圜丘坛，用于冬至日举行祭天大殿，圜丘的石阶、台面石以及石栏板的数量，均采用九和九的倍数，寓意"九重天"，通过对九的反复运用，强调天的至高无上的地位。此外，天坛内还有回音壁、二音石、七星石等名胜古迹，无一不体现出我国古代高超的建筑技艺和精妙的艺术构思，天坛以其深刻的文化内涵、宏伟的建筑风格，成为了东方古老文明的写照。

泰山岱庙也是历代帝王祭天之处。中国封建君主为了加强统治，把王权与神权结合起来，自称"天子"，因此历代帝王祭天封禅的仪式都极为隆重，岱庙就是帝王们封禅祭天、举行大典之地。

祭人建筑以山东曲阜孔庙历史最悠久，规模最大，由于历代统治者尊崇孔子，孔庙仿效皇家模式而建，形成大型祠庙建筑群，祭祀宗族的建筑如北京太庙（现为北京劳动人民文化宫）

（5）书院故居建筑

书院是中国封建社会特有的一种教育组织，最初官方修书、校书和藏书的场所和私人讲学之所均称为书院，后因私家讲学的兴盛而专指由儒家士大夫创办并主持的文化教育机构。

历史上风云人物的故居，许多因后人常往瞻仰而成为名胜古迹，有的扩建成园林，有的改建为纪念性祠堂。

现存书院著名的有江西庐山的白鹿洞书院、湖南长沙的岳麓书院等。故居建筑有四川成都的杜甫草堂，杜甫在此居住 4 年，写下了 200 多首诗篇，现有建筑多为后世为纪念杜甫所建，现有园林 20 h㎡。四川眉山的三苏祠，也是为了纪念苏洵、苏轼、苏辙三父子而在苏氏故宅的基础．上改建的。

（6）古代民居建筑

我国是个多民族国家，自古以来民居建筑丰富多彩，经济实用，是中华民族建筑艺术与文化的重要方面。现今保存的古代民居建筑形式多样，如北京的四合院，延安的窑洞，华南骑楼，云南村寨、竹楼，新疆吐鲁番土拱，蒙古的蒙古包等等。

在山西晋中市榆次区车辋村保存着一处规模宏大的民居建筑常家庄园，完整保留了明清老宅的风格，庄园由街道、牌楼、房屋、四合院、戏台组成生活区，由园林组成户外游乐区，庄园建筑气势恢宏，砖雕、木雕、石雕精工细作，具有传世的艺术魅力。园中有大量的诗词碑赋，如石芸轩法帖、四十四帝后遗墨帖、常氏名人碑刻等。常家庄园是集人文建筑与山水园林于一体的儒商建筑的典型代表。

（7）古墓建筑

历代帝王认为人死后灵魂永存，因此皇帝在位时就为自己修建陵寝，并极尽奢华之能事，形成布局严整、规模宏大的"地下宫殿"。陵区大多有附属建筑神道．牌坊石像生、墓碑、华表、阙等附属建筑。古墓建筑还包括一些历史名人墓地，著名的有山东曲阜孔林，安徽当涂李白墓，江苏徐州华佗墓，杭州岳飞墓等。

古代陵墓是我们历史文化的宝库，已挖掘出的陪葬物、陵殿、墓道等，是研究与了解古代艺术、文化、建筑、风俗等的重要实物史料。有些被开辟成公园、风景区，与园林具有密切关系。

古代皇陵规模宏大且保存完整的有明代十三陵和清东陵、西陵。北京十三陵葬有明朝 13 位皇帝及其后妃，陵区建筑集中了明代建筑和石刻的精华。清朝帝陵分东陵和西陵，分别在河北省的遵化和易县，东陵埋葬着 5 帝、15 后、136 位嫔妃、'位阿哥共 157 人。陵区建筑雕梁画栋，严整肃穆，周围古木参天，山清水秀。清入关后第一任皇帝顺治、雄才大略的康熙、乾隆、垂帘听政的慈禧太后都葬于这里。东西陵的规划和建筑形式为：后陵小于帝陵，园寝（公主、嫔妃）又小于后陵，帝后陵为黄瓦，园寝则为绿瓦。帝王陵墓还有陕西桥山黄帝陵，临潼秦始皇陵与兵马俑墓，汉唐帝王的陵墓也大多位于陕西西安（古都长安）。如汉武帝的茂陵、唐太宗的昭陵、唐高宗与武则天合葬的乾陵，均规模宏大，当年汉唐国力之强盛可窥见一斑。

3. 古典名园

中国的古典名园大体分为皇家园林、私家园林和寺庙园林 3 大类：

（1）崇尚自然美

本于自然、高于自然是我国古典园林创作的主旨，目的在于求得一个概括、精练、典型而又不失自然美的空间环境。

所有的造园要素，都要求模仿自然形态，反对矫揉造作。充分利用自然的地形开山凿池，强调建筑美与自然美的融糅，达到人工与自然的高度协调，"虽由人作，宛自天开"（计成《园冶》）的境界。典型实例：苏州的拙政园。

（2）寓情于景

常用比拟和联想的手法，使意境更为深邃，充满诗情画意。其特点在于它不以创造呈现在眼前的具体园林形象为终极目标，它追求的是表现形外之意，像外之像，是园主寄托情怀观念和哲理的理想审美境界。

　　文人常将自然界万物赋予品性，常会睹物思情等。在运用造园材料时考虑到材料本身所象征的不同情感内容，表达一定的情思，增强园林艺术的表现力，营造园林的意境。常用匾额、楹联、诗文、碑刻等文学艺术形式，来点明主旨、立意，表现园林的艺术境界，引导人们获得园林意境美的享受。"片山多致，寸石生情"（计成《园冶》）。典型实例：扬州个园的四季假山，借助多种石料的色泽，山体的形状、配置的植物以及光影效果，让游园者联想到四季之最，产生游园一周，恍如一年之感。

　　（3）寓大于小

　　在有限的空间中运用延伸和虚复空间的特殊手法，组织空间、扩大空间、强化园林景深。

　　巧于因借，延伸空间，增加空间层次感，形成虚实、疏密，明暗的变化，丰富空间意境，增加空间情趣气氛。"一峰则太华千寻，一勺则江湖万里"（文震亨《长物志》）。典型实例：苏州的留园

　　4. 风景区

　　风景区是风景资源集中、环境优美及人文价值较高的区域。我国的风景区集中于古代名山大川，荟萃了自然景观和人文景观之精华，有很多开辟为国家级风景名胜区。我国第一批经国务院批准的重点风景名胜区包括泰山、承德避暑山庄外八庙、五台山、恒山、杭州西湖、普陀山、黄山、九华山、武夷山等44处，至今全国有国家级风景名胜区100多处，我国已有泰山、黄山、武陵源、九寨沟等12处风景区被列为世界遗产，向全世界展现其丰富的内涵和壮美的风姿。

　　风景名胜区综合了前述山岳、湖泊、瀑布、海滨等多种自然景观类型和丰富的人文景观类型，两者已巧妙地融为一个整体，从不同侧面反映中华民族秀美的山川、悠久的历史、灿烂的文化。

二、文物艺术景观

　　文物艺术景观指石窟、壁画、碑刻、摩崖石刻、雕塑、古人类文化遗址、化石等（见表2-5）。我国文物及艺术品极为丰富多彩，是中华民族智慧的结晶，中华民族文化的瑰宝。园林中的文化艺术景观丰富园林的内涵，提高了园林的价值，吸引着人们观赏、研究。

表 2-5　文物艺术景观类型

类型	说明	举例
1. 石窟	我国现存有历史久远、形式多样、数量众多、内容丰富的石窟，是世界罕见的综合艺术宝库。其上凿刻、雕塑着古代建筑、佛像、佛经故事等形象，艺术水平很高，历史与文化价值无量。	我国 5 大石窟：敦煌、云岗、龙门石窟，是世界艺术宝库的珍品。甘肃敦煌石窟（又称莫高窟），俗称千佛洞，现存石窟 492 个，彩塑 2 000 余座，木构窟檐 5 座，保留着佛寺、城垣、塔、阙、住宅等建筑艺术资料，是我国古代文化、艺术贮藏丰富的一座宝库。山西大同云冈石窟，现存洞窟 53 个，造像 5 100 余尊，还有众多的飞禽走兽像和楼台宝塔，在我国 3 大石窟中，云冈石窟以石雕造像气魄雄伟、内容丰富多彩见长。河南洛阳龙门石窟，有大小窟龛 2 100 多个，造像约 10 万尊，佛塔 40 余座，是古代建筑、雕塑、书法等艺术资料的宝库，也是研究我国古代历史与艺术的珍贵资料。除此之外，还有山东济南千佛山、重庆大足石窟、甘肃麦积山石窟、云南剑川石钟山石窟、宁夏须弥山石窟、南京栖霞山石窟等多处。
2. 壁画	壁画是绘于建筑墙壁或影壁上的图画。	我国很早就出现了壁画，古代流传下来的如山西繁峙县岩山寺壁画，金代 1158 年开始绘于寺壁之上，为大量的建筑图像，是现存金代的规模最大、艺术水平最高的壁画。云南昭通县东晋墓壁画，在墓室石壁之上绘有青龙、白虎、朱雀、玄武与楼阙等形象及表现墓主生前生活的场景，是研究东晋文化艺术与建筑的珍贵艺术资料。泰山岱庙正殿天贶殿宋代大型壁画《泰山神启跸回銮图》，全长 62 m，造像完美生动，是宋代绘画艺术的精品。九龙壁是经典的影壁壁画，见于多处皇家园林中，如故宫、北海等。
3. 碑刻、摩崖石刻	碑刻，是于石碑上篆刻文字，是书法艺术的载体摩崖石刻，是在山崖上雕像或镌刻诗词书法、佛经经文。	著名的有泰山岱顶的汉无字碑，岱庙碑林，曲阜孔庙碑林，西安碑林，南京六朝碑亭，唐碑亭以及清代康熙乾隆在北京与江南所题御碑等。陕西华阴县华山西岳庙内的古碑，有汉代"西岳华山庙碑"、后周"华山庙碑"等。山东泰山摩崖石刻，被誉为我国石刻博物馆，在帝王封禅史、书法艺术、雕刻技艺等方面都具有较高的历史艺术价值和丰富的文化内涵。有些摩崖石刻还是珍贵的文史资料，如福建九日山的摩崖石刻，记载着宋代泉州郡守远航亚非的史实，为当时泉州港海外交通的珍贵史料。

类型	说明	举例
4. 雕塑艺术	我国的雕刻与塑像艺术源远流长，在名胜古迹中随处可见。大至神佛造像、小至建筑物的构件，无一不体现出构思的巧妙、雕工的精美。	陕西临潼县发掘出的秦始皇兵马俑，为巨大的雕塑群，个体造型精美，栩栩如生，反映了秦朝雕塑艺术的成就。独立雕塑以神像及珍奇动物形象为数最多，其次为历史名人像。我国各地古代寺庙、道观及石窟中都有丰富多彩、造型各异、栩栩如生的佛像、神像。举世闻名的如四川乐山巨型石雕乐山大佛，唐玄宗时创建，约用 90 年竣工，通高 71 m，头高 14.7 叫．头宽 10 m，肩宽 28% 眼长 3.3 m，耳长 7m 附属于建筑物上的雕刻更是精美绝伦，如位于北京城南的卢沟桥，桥两侧有 281 根望柱，每个柱顶都雕有一个大狮，大狮身上雕有许多姿态各异的小狮，由于雕刻技艺高超，小狮不容易被发现。桥的东西两端有 4 根华表，莲座上各有一个坐狮，桥东端的抱鼓石也由两个大狮代替，据统计，卢沟桥的狮子总共有 485 个。建筑附属雕塑除石雕以外，还有砖雕、木雕等 s 砖雕多见于影壁等处，如山西常家大院建筑物上的兰雕，于照壁、门窗、梁枋、雀替等处随处可见，那丰富的图案和其中包含的吉祥含义，堪称中国吉祥文化的典籍。
5. 诗词、楹联、字画	中国风景园林的最大特征之一就是深受古代哲学、宗教、文学、绘画艺术的影响，自古以来就吸引了不少文人画家、园林建筑家以致皇帝亲自制作和参与，使我国园林"举目皆诗意，步步可寄情"。诗词楹联和名人字画是园林意境点题的手段，既是情景交融的产物，又构成了中国园林的思维空间，是我国风景园林文化色彩浓重的集中表现。	著名的楹联有昆明大观楼的 180 字的巨笔长联（孙髯翁作），看后真有五百里滇池奔来眼底，数千年往事涌上心头之气魄。宋代诗人苏轼的"水光潋滟晴方好，山色空蒙雨亦奇"，点出了西湖的时空美感。温州江心寺对联"云朝朝，朝朝朝，朝朝朝散；潮长长，长长长，长长长消"用同音假借的手法，构思精巧奇妙，既切合景观环境，又体现了汉字游戏趣味，且蕴含着丰富的哲学思想。再如上海豫园的"莺莺燕燕，翠翠红红，处处融融洽洽；风风雨雨，花花草草，年年暮暮朝朝"是一幅回环联，顺读倒读都合韵律，节奏鲜明，自然流畅。杭州西湖天下景的楹联更富有诗意，"水水山山处处明明秀秀，晴晴雨雨时时好好奇奇"展现了西湖美景的气象大观。中国园林中的匾额更是比比皆是，均以简练诗意的文字点明景题，与园景相映成趣，使园林意境倍增。如网师园中的"月到风来"亭，取自唐朝韩愈"晚年将秋至，长风送月来"之句，使"梧竹幽居"景区充满诗情画意。在风景园林中更有不少名人字画，给山川添色，让大地寄情，如泰山上的名人书法岩刻堪称文化遗产之一绝。

三、民间习俗与其他观光活动

我国历史悠久，又是个多民族国家，民间有许多各个具特色的风俗习惯、传统节日和许多反映劳动人民美好愿望的美丽传说，少数民族地区更是保留着许多带有浓厚民族特征的习俗及节日庆典活动，进而成为园林文化当中不可缺少的一部分。

1. 节日与民俗

我国历史悠久，民间习俗、节庆活动丰富多彩。如每年的五月初五是我国传统的端午节，全国各地都有丰富多彩的庆祝活动，广州市的龙舟竞渡，现已演变成广州龙舟节，在美丽的珠江河面上，一年一度的广州国际龙舟邀请赛吸引来自全国各地的龙舟前来参加比赛，届时，广州城区万人空巷。我国的传统节日春节、元宵节、中秋节更是名扬海外，吸引许多外国友人前来观光旅游。少数民族节日则是各民族生活的缩影，如傣族的泼水节、彝族的火把节、哈尼族的十月节及壮族的三月三等。

2. 少数民族文化

我国的少数民族文化绚丽多姿，包括少数民族舞蹈、音乐、民族服装、民间体育活动、节庆活动、宗教信仰等。如傣族的孔雀舞、壮族扁担舞、朝鲜族的长鼓舞、哈尼族的采茶舞、拉祜族的芦笙舞、基诺族的大鼓舞等，很多歌舞曾荣获国际国内大奖。少数民族宗教具有鲜明的地域文化特色，如云南玉龙雪山的南麓，有一座东巴万神园，映射着纳西族先民朴素的哲学理念，神园正门两个巨型图腾柱，中间一条宽 6 m，长 240 m 的神图路，两侧左为神域，右为鬼蜮，分别竖立着 300 多尊木制神偶，他们是古老的东巴神话体系的重要角色。东巴文化崇尚自然，认为万物有灵，这里的一草一木都是神灵，因此称为东巴万神园。

3. 神话传说与历史典故

古老的神话传说或历史典故为园林平添了许多神秘色彩和文化氛围，使游人游兴倍增。如杭州的虎跑泉，相传唐代元和年间，有位高僧居于此处，因用水不便意欲迁走，夜间神仙入梦，告之："南岳有童子泉，当遣二虎移来"，第二天果然有二虎"跑地作穴"，泉水涌出，虎跑泉因此得名。再如山东蓬莱阁的八仙过海传说，花果山（连云港）的孙悟空传说等都能使园林增色许多。与园林相关的历史典故更是数不胜数，如著名的曲水流觞水景，以绍兴古兰亭的"曲水邀欢处"为代表。曲水流觞原是我国古代的一种驱邪避病的风俗，后因王羲之的《兰亭集序》而成为文人墨客的一种雅事。当年王羲之与好友在兰亭以觞随水流动，止于谁前，谁应即兴赋诗，做不出者罚酒三觞。最后王羲之一挥而就，写成了 324 字的《兰亭集序》，曲水流觞的风俗也因此闻名于世，后人多模仿古人之举，在园林中建"曲水流觞"景点。

第三节　园林工程要素

园林工程主要包括山水工程、道路桥梁工程、建筑设施工程及栽植工程 4 大要素。

一、山水工程

山水工程主要指园林中模拟自然界的地貌类型，塑造多变的地形起伏，为创造优美环境和园林意境奠定物质基础的工程。南宋时期园林杰出的代表作艮岳是历史上著名的大型山水园，这座宋徽宗亲自参与筹划修建的山水园全由人工所作，经营十余年之久，为我国古代山水工程的代表作。北海白塔山（原称万岁山）是现今保存的最大、最宏伟且富自然山色的古代山体。

1. 陆地及地形

陆地一般占全园的 2/3～3/4，其余为水面。陆地又可分为平地、坡地、山地 3 类（见表 2-6）。

表 2-6　陆地及地形的设计要点

类型	占陆地比例	作用	设计要点
平地	1/2～2/3	作游憩广场、草地、休息坪等，易于形成开敞空间。	可采用灵活多样的铺装材料及地被植物。为了有利排水一般要保持 0.5%-2% 的坡度。
坡地	1/3～1/2	起伏的坡地配以草坪、树丛等可形成亲切自然的园林景观。	多用于自然式园林，可设计为缓坡，坡度 8%～10%；中坡，坡度 10%-20%；陡坡，坡度 20%-40%。
山地	1/3-1/2	作为地形间架，形成丰富的空间变化。	可以分为土山、石山和土石混合的山体。堆山时山要有主、次、客之分，高低错落、顾盼呼应；独山忌堆成馒头状，群山忌堆成笔架状；应与水体巧妙配合，造成山水相依、山环水绕的自然景观。

2. 假山置石工程

与塑造地形的山体工程相比，假山置石更突出的是它的观赏价值，大多体量较小。常见的布置手法有点石成景、整体构景两大类。

（1）点石成景

点石成景即由单块山石布置成的石景，其布置形式分为特置和散置。

（2）整体构景

整体构景是指用一定的工程手段堆叠多块山石构成了一座完整的形体。

3. 水景工程

水景以清灵、妩媚、活泼见长。静态的水如湖、池等可以反映天光云影，给人以明净、开朗、幽深、虚幻的感受；动态的水如瀑布、溪流、喷泉等则给人以清新活泼、激动兴奋的感受。狭长的水体婉转逶迤，可以沿途设置步移景异的风景；开阔的水面安详深沉，可用来开展水上活动。

（1）湖、池

为静态水体，有自然式和规则式两种。自然式湖池多依天然水体或低洼地势建成，湖面较大时还可设堤、岛、桥等以丰富水景层次。规则式水池有圆形、方形、多边形等。

（2）溪涧

园林中可利用地形高差设置溪涧。水流和缓者为溪，水流湍急者为涧。溪涧的平面应蜿蜒曲折、有分有合、有收有放,竖向上应有陡有缓,配合山石使水流时急时缓、时聚时散,形成多变水形、悦耳水声,给人以视觉与听觉的双重感受。

（3）落水、跌水

落水是根据水势高差形成的一种动态水景观,有跌水、瀑布、漫水等,一般瀑布又可分为挂瀑、帘瀑、叠瀑、飞瀑等。

（4）喷泉

喷泉又称为喷水,它常用于城市广场、公共建筑、园林小品等。它不仅是一种独立的艺术品,而且能增加周围空气的湿度,减少尘埃,增加空中的负氧离子含量,提高环境质量,增进身体健康。喷泉常与水池、雕塑同时设计,结合为一体,起装饰和点缀园景的作用。,喷泉在现代园林中应用很广,其形式有涌泉形、直射形、雪松形、半球形、牵牛花形、蒲公英形、雕塑形等。,另外,喷泉又可分为一般喷泉、时控喷泉、声控喷泉和激光喷泉等。在北方,为了避免冬季冻结期喷泉管道和喷头等外露不美观的缺点,常设计旱喷泉,喷水设施设于地下,地面设有铁箅子,并留有水的出口,有无水喷射时都很美观,铺装场地还可供游人活动。喷泉可与其他园林水景结合设计,充分满足游人的亲水心理,增加了游览的兴趣。

（5）岛

岛是四面环水的水中陆地。水中设岛可划分和丰富水域空间,增加景观层次的变化。既是景点又是观赏点。我国古典园林常于水面设三岛,以象征海上神山。岛的设计切忌居中、整形、排比,岛的形状忌雷同,面积不应过大,岛上适当点缀亭廊等园林建筑及植物山石等,以取得小中见大的效果。

（6）驳岸

在园林中开辟水面要有稳定的湖岸线,防止地面被淹,维持地面和水面的固定关系。同时,园林驳岸也是园景的组成部分,必须在实用、经济的前提下注意外形的美观,使之与周围的景色协调。驳岸种类有生态形驳岸,由水生植物、湿生植物过渡到土草护坡,景色具有自然野趣。此外,还有沙砾卵石护坡、自然山石驳岸、条石驳岸、钢筋混凝土驳岸、打棒护岸等。

（7）闸坝

闸坝是控制水流出入某段水体的工程构筑物,主要作用是蓄水和泄水,设于水体的进水口和出水口。水闸分为进出水闸、节制水闸、分水闸、排洪闸等;水坝有土坝（草坪或铺石护坡）、石坝（滚水坝、阶梯坝、分水坝等）、橡皮坝（可充水、放水）等。园林闸坝多和建筑、园桥及假山等组合成景。

二、道路、桥梁工程

1. 道路工程

游人的游园活动要沿着一定的游览路线进行,园林中的道路就充当着导游的作用,将设计师创造的景观序列传达给游人;同时道路系统又以线的形式将园林划分为若干园林空间;园林中的道路还是不可缺少的艺术要素,设计师可用优美的道路曲线、丰富多彩的路面铺装构成独特的园景。

（1）园路的分类

园路按功能可分为主要园路（主干道）、次要园路（次干道）和游憩小路（游步道）。

①主干道

是从园林出入口通向园林主景区的道路。主干道要能贯穿园内的各个景区、主要风景点和活动设施，形成了全园的骨架和回环。

一般为 3.5～6.0% 结构上必须能适应机动车通行的要求。

②次干道

是景区内连接各景点的道路。设计时要求其平面与立面造型与园林整体风格相协调。道路宽度依公园游人容量、流量、功能及活动内容等因素而定，一般宽度为2.0-3.5 m。

③游憩小路

是园林道路系统的末梢，是联系园景的捷径，是最能体艺术性的部分。它可优美婉转的曲线构图成景，与周围的景物相互渗透、吻合，极尽自然变化之妙。

考虑一到两人通行，宽度一般为 0.6～1.5 m。

（2）园路的设计。

①平面设计

规则式园林应用直线条，自然式园林宜用曲线。

②立面设计

依据因地制宜的原则，尽量利用原地形，随地形的起伏而变化。为了满足排水的需要，一般路面要有 1%～4% 的横坡，纵坡坡度在 8% 以下。

③路面的铺装

路面的铺装材料常用的有水泥、沥青、块石、卵石、方砖、青瓦、水泥预制块等，铺装形式有整体路面、嵌草路面、花街铺地、块制路面、砖雕卵石路面、步石等。路面图案能衬托景物，富于观赏效果。还应与景区环境相结合，如竹林中小径用竹叶图案、梅林中用冰纹梅花图案，大面积广场则不应进行细碎分割。

2. 桥梁工程

桥是道路在水中的延伸，是跨越水流的悬空的道路，同道路一样起导游和组织交通的作用，而桥的造型多样，又是园林中的重要风景。

园桥按建筑材料可分为石桥、木桥、铁桥、钢筋混凝土桥、竹桥等；按造型可分为平桥、曲桥、拱桥、屋桥、汀步等。

（1）平桥

桥面平行于水面并与水面贴近，便于观赏水中倒影和游鱼，朴素亲切。

（2）曲桥

桥面曲折，增加了水上游览的长度，并且为游人提供不同角度的观赏。

（3）拱桥

桥面高出水面呈圆弧状，桥洞一般半圆形，与水中倒影共同组成近圆形，立面效果良好，桥下还可通船。

（4）屋桥

以桥为基础，是桥与亭廊等相结合的形式，桥上建亭或建廊。

平桥、曲桥、拱桥、屋桥的设计要定相同。

①小水面设桥：水面小则桥宜更小，并且建于偏侧水面较狭处，利用对比反衬水面的"大"。

②大水面设桥：大水面往往设游船，因此桥的设计要考虑船的通行，多做拱桥，可丰富水面的立体景观，弥补大水面的空旷单调之感。

③桥梁与水流宜成直角，桥面要防滑。

（5）汀步

在浅水中按一定距离布设块石，供游人信步而过，又称步石、跳桥、点式桥。

设计要点：单体造型可根据环境设计成荷叶形、树桩形等，能增加园林的自然意趣，创造富有韵律的活泼气氛。石墩要注意防滑，间距不能过大，通常为 8～15 cm 即可。

三、建筑设施工程

在风景园林中，园林建筑既能遮风避雨、供人休息赏景，又能和环境组合形成景致。

1. 亭

亭是有顶无墙的小型建筑，是供人休息赏景之所。"亭者，停也。所以停憩游行也"（《园冶》）。亭的功能之一是作为供人休息、避雨、观景的场所，同时，亭在园林中还常作为对景、借景、点缀风景用。亭是园林绿地中最常见的建筑，在古典园林中更是随处可见，形式丰富多彩。一般南北方园林中的亭子风格差别很大（见表 2-7）。

表 2-7　北方与南方亭子比较

	北方亭	南方亭
风格	庄重、宏伟、富丽堂皇	清素雅洁
整体造型	体量较大，造型持重	体量较小，造型轻巧
亭顶造型	脊线平缓，翼角起翘轻微	脊线弯曲，翼角起翘明显
色彩	一般红色柱身，屋面覆色彩艳丽的琉璃瓦，常施彩画	一般深褐色柱身，屋面覆小青瓦，不常施彩画

（1）亭的位置选择如表 2-8 所示．

表2-8　亭的位置选择

亭的位置	说明
山地建亭	山地建亭多见于山顶、山腰等处。山顶之亭成为俯瞰山下景观、远眺周围风景的观景点，是游人登山活动的高潮。山腰之亭可作为登山中途休息的地方，还可丰富山体立面景观。山地建亭造型宜高耸，使山体轮廓更加丰富。
临水建亭	临水之亭是观赏水景的绝佳处，同时又可丰富水景。其布局位置或在岸边、或入水中、或临水面，水边设亭，应尽量贴近水面，宜低不宜高，亭的体量应与水面大小相协调。
平地建亭	常作为进入主景区的标志，也可位于林荫之间形成私密性空间。平地建亭时应注意造型新颖，打破平地的单调感，但要与周围环境协调统一。

（2）亭的平面及立面设计

亭从平面上可分为圆形、长方形、三角形、四角形、六角形、八角形及扇形等。亭子的顶造型最为丰富，通常以攒尖顶为多，多为正多边形攒尖顶，屋顶的翼角一般反翘。另一大类是正脊顶亭，包括歇山顶、卷棚顶等。我国古代的亭子多为木构瓦顶。

2. 廊

廊是亭的延伸，为长形建筑。廊除能遮阳防雨供作坐憩外，最主要的是作为导游参观和组织空间用，作透景、隔景、框景，让空间产生变化。

（1）廊的类型

廊依空间分有沿墙走廊、爬山廊、水廊等；依结构形式分有两面柱廊、单面柱廊、一面为墙或中间有漏窗的漏花墙半廊、花墙相隔的复廊（也称复道）等；依平面分有直廊、曲廊、回廊等。

（2）廊的布置

廊的布置正如《园冶》中所述："今予所构曲廊，之字曲者，随形而弯，依势而曲。或蟠山腰，或穷水际，通花渡壑，蜿蜒无尽……"廊的位置选择常见平地建廊、水际建廊和山地建廊。平地建廊可建于休息广场-侧，也可与园路或水体平行而设，也有的用来划分园林空间，或四面环绕形成独立空间，视线集中的位置布置主要景观。水边或水上建廊时，通常应紧贴水面，造成了好似飘浮于水面的轻快之感，山地建廊多依山的走势作成爬山廊。

（3）廊的平面与立面设计

廊的平面为长形，以廊柱分为开间，廊的开间一般不宜过大，宜在3 m左右，横向净宽1.2～3.0 m，可视园林大小和游人量而定。廊顶常见平顶、坡顶、卷棚顶等。廊柱之间可附设坐凳。廊还可与亭相结合，使其立面造型更加丰富。

3. 榭

榭一般指有平台挑出水面观赏风景的园林建筑。平台四周常以低平的栏杆相围绕，平台中部布置单体建筑，建筑物平面形式多为长方形。水榭是一种亲水建筑，设计时宜突出池岸，使其三面临水，造型上宜突出水平线条，体形扁平，贴近水面。临水一面特别宽敞，柱间常设鹅颈椅，来供游人倚水观景，突出其亲水特征。

4. 舫

舫也称旱船，不系舟是一种建于水中的船形建筑物。舫中游人有置身舟楫之感。舫的基本形式与真船相似，一般分为前、中、后 3 部分，中间最矮、后部最高，一般有两层，类似楼阁的形象，四面开窗，以便远眺。船头做成敞篷，供赏景谈话之用，中舱是主要的休息、宴客场所，舱的两侧做成通长的窗，以便坐看观赏时脊宽广视野。尾舱卜实上虚，形成对比。

5. 花架

花架为攀缘植物的棚架，是将绿色植物与建筑有机结合的形式。

（1）花架的种类

大体有亭式、廊式、单片式等。亭式花架的功能与亭相似，可设计成伞形、方形、正多边形。廊式花架最为多见，有多个开间，功能和廊相似。单片式花架可设计成篱垣式，攀缘植物爬满花架时就是一面植物墙，花开时节就是一面花墙。也可与景墙相结合，景墙之上搭花架条，墙上之景与墙体之景相映成趣。花架的造型宜简洁美观，既是攀缘植物的支架，又可以独立成景。花架常用钢筋混凝土结构，也有用金属、砖石结构的，简单的花架还可用竹、木结构。

（2）花架常用植物

可用于花架的植物为攀缘植物，常用的有紫藤、凌霄、金银花、南蛇藤、络石、蔓蔷薇、藤本月季等。

6. 园林建筑小品

园林建筑小品一般体形小，数量多，分布广，起局部装饰作用。主要包括园桌、园椅、景墙、景窗、门洞、栏杆、花钵、园灯等。

（1）园椅园椅为供游人就座休息及赏景的人工构筑物。

①园椅种类

园椅的种类如表 2-9 所示。

表 2-9　园椅的分类

分类		说明
材料	人工材料	大多造型美观而重复出现于同，园林中，可表现整齐美观的效果
	自然材料	既可做成整齐美观的效果，又可利用天然材质塑造自然造型与自然。式绿地相协调
外形	规则外形	大体有椅形、凳形、鼓形 3 种。
	自然外形	形状不重复，常见有天然石块及树根，可就地取材，也可用钢筋混凝土仿制。
	附属形	多利用花池、树池边沿，或作于园林建筑梁柱之间。

②园椅的布置要点

一般布置在安静清幽、有景可赏及游人驻足休息的地方，常见的有树下、路边、池旁、广场边缘等处。园椅的造型应力求简洁大方，安全舒适坚固，构造简单，制作方便，易于清洁，和周围环境相协调，点缀风景，增加趣味。园椅南侧要有落叶乔木以提供夏季遮荫。

（2）栏杆栏杆为栅栏状构筑物。园林当中的栏杆主要起防护、分隔作用及装饰园景的作用。栏杆的设计如表 2-10 所示。

表 2-10　栏杆的设计

内容	说明
1. 栏杆的材料	常用材料有竹、木、石、砖、钢筋混凝土、金属等。低栏可用竹木、石、金属、钢筋混凝土，高栏可用砖砌、金属、钢筋混凝土等。
2. 栏杆的高度	栏杆的高度应在 15 ～ 120 cm，广场、草坪边缘的栏杆为低栏，不宜超过 30 cm，侧重安全防护的栏杆可达 80 ～ 120cm。
3. 设置要点	栏杆在园林中不宜多设，应主要用于绿地边缘及水池、悬崖等危险环境旁，栏杆式样及色彩应与环境相协调。

（3）景门、景窗与景墙如表 2-11 所示。

表 2-11　景门、景窗与景墙

类别	说明
景门	园林中的景门常为不装门扇的洞门。洞门的形状有圆形、长方形、六边形、海棠形、桃形、瓶形等。景门的位置应方便导游，还要形成优美的框景。
景窗	景窗有空窗和漏窗两种。空窗有圆形、长方形、多边形、扇形等，除作采光用之外，常作框景用，空窗框起来的景物如美妙的图画，使游人在游览过程中不断观赏到新的画面。漏窗是在窗框内作花饰，极富装饰性，在我国古典园林中非常多见。漏窗透过之景若隐若现，虚中有实，实中有虚，加上玲珑剔透的画框自身有景，令人回味无穷。景窗材料可用瓦、砖、木、铁、预制钢筋混凝土等，景窗设计时要注意与建筑物相协调，空窗的位置要有景可框，漏窗的内容符合周围环境的意境格调。
景墙	园林中的景墙具有隔断、导游、装饰、衬景的作用，园墙的形式有很多，古典园林中多作云墙，墙上多设景门、空窗和漏窗，又常与山石、竹丛、花木等组合起来，相映成趣。

（4）雕塑

雕塑是具有三维空间特征的造型艺术。在我国古典园林当中，雕塑内容集中反映我国传统文化的内涵和古代高超的雕刻技艺，几乎每一处雕塑都有特定的象征意义，外形大多取材于人物或具有吉祥含义的动植物形象。在现代园林中，雕塑更广泛地应用于园林建设中，带有鲜明的时代特色。

①雕塑的类型

按雕塑的性质可分为纪念性雕塑、主题雕塑、装饰性雕塑等。按形象分类包括人物雕塑、动植物雕塑、神像雕塑和抽象雕塑等。

②雕塑的位置安排

常见的位置有广场中央、花坛中央、路旁、道路尽头、水体岸边及建筑物前等。

③雕塑的取材与布局

雕塑的题材应与周围环境和所处的位置相协调，使雕塑成为园林环境中一个有机的组成部分。雕塑的平面位置、体量、色彩、质感也都要与园林环境综合考虑。

（5）园灯

造型新颖的园灯白天可作为园景的点缀，夜晚又是必不可少的照明用具。园林中大多是观赏与照明兼顾的灯具。现代园林中园灯还与音乐喷泉相结合，色彩斑斓、绚丽多姿。

园灯的设计是综合光影艺术的侧重夜景的第二次景观设计。道路两侧的园灯宜用高杆灯具，既要考虑夜晚的照明效果，又要考虑白天的园林景观；草坪中和小径旁可用低矮灯具，如草坪灯；喷水池、广场等强调近观效果的重点活动区要创造不同的环境气氛，造型可稍复杂，重视装饰性，古典园林常用宫灯、石灯笼等，现代自然式山水园林中也有应用。

第三章 园林景观设计的形式

第一节 园林景观设计的自然形式

一、不规则的多边形

自然界存在了很多沿直线排列的形体，例如，花岗岩石块的裂缝显示了自然界中不规则直线形物体的特点，它的长度和方向带有明显的随机性。正是这种松散的、随机的特点，使它有别于一般的几何形体。

为了避免使用太多的同直角或直线相差不超过 10°的角度，就不要用太多的平行线。

如果使用过多的重复平行线或者 90°角，会导致主题死板的感觉应避免在设计中使用锐角。锐角将会使施工难以实施，人行道产生裂缝，些许空间使用受限，不利于景观的养护等。

线形的多边形组成半规则式的人行道或石质踏步。

在加利福尼亚州旧金山的内河码头广场的鸟瞰图中，用不规则的尖角能大致表达出遭地震破坏后的情感，是该广场在设计时所定下的概念性主题。

在加利福尼亚州索萨利托的一个小海湾的广场中，有效使用细微的水平变化，使潮汐依次充满这一不规则的台地间或定时从中排出。

在科罗拉多州比弗河溪边的小广场设计中，用些不规则的平台逐渐延伸到水中。

在得克萨斯州的一个城市水景广场中，使用不规则的角度和平面去增强垂直空间效果，从而创造出充满激情的空间表达形式。

尽管反复强调在人造结构中慎用锐角，但是在自然界的不规则多边形中，却经常会有一些锐角。

以上的形式经常被用于设计景观空间中不规则式的地平面模式。

二、自由的螺旋形

自由的螺旋形可分为两类：一类是三维的螺旋体或双螺旋的结构。它以旋转楼梯为典型，其空间形体围绕中轴旋转，并同中轴保持相同的距离；另一类是二维的螺旋体，形如鹦鹉螺的壳。旋转体是由螺旋线围绕一个中心点逐渐向远端旋转而成的。

例如，毛利人所使用的一种基本的设计形式叫作"koru"，它的形状像正在伸展的树蕨叶子，主干的末端带有螺旋曲线。它仅是对数螺旋线的一种变体，这类的变体在自然界也还存在多种。

毛利人的画家和雕刻家通过对"koru"进行不同方式的组合，设计出了许多有趣的景观形式。反过来，这些形式又激起人们对自然界其他形体的遐想，如波浪、花朵、叶子等。

把螺旋线进行反转，可以得到其他形式的图案。以螺旋线上的任意一点为轴，都可以对其进行反向旋转。如果这一反转角度接近90°，就会产生一种强有力的效果。

把反转的螺旋形同扇贝形和椭圆形连在一起，就会衍生出一些自由变换的形式。

一些松散的部分螺旋形和椭圆形组合在一起，可以为小广场创造出具有层次的次级空间。

例如，设计一个干旱园示范园，采用了自由螺旋的形状来设计石墙，并沿石墙设计出环状的步行道。

自由漂浮形式的卵圆很适于这一步行道的设计，根据空间大小调整卵圆的尺寸，进而设计出这种循环的模式。

相接的自由卵圆组成了动感的穗状图案。连接这些卵圆的外边界可以得到一个突起的图案；连接这些卵圆的内边界可得到一个尖锐的扇贝形图案。

橡树叶尖锐的外形能被作为景观材料应用于园林中。

为了适应理念性方案中空间和尺寸的需要，有时必须改变这些图形的大小和排列方式。在修改它们使之代表确定的实物之前，若这些图形需要相交，确保它们之间的交角是90°或接近90°。

注意：由这些图形的外边界连接成的图形和由它们的内边界连接而成的图形具有不同的特征。

如果我们改变一组自由卵圆的相交角度，就能得到一组与之完全倒转的图形。为给场地创造一些有趣的形式，可以交换或来回移动部分卵圆。

四、分形几何学

在自然界中也有一些图案似乎完全不符合欧几里得几何学。就如同词语"多枝的""云状的""聚集的""多尘的""旋涡形的""流动的""碎裂的""不规则的""肿胀的""紊乱的""扭曲的""湍流的""波纹的""螺纹的""像小束的""扭曲的"所描述的图像。你可能想象不定形的形式有很大的不规则性及内在的无秩序性。近来有一个数学的分支叫作"分形几何学"，它试图去给这些明显无序的自然发生的图案以秩序。

伯努瓦·曼德勃罗在他的《大自然的分形几何学》一书中用数学方法系统化了一些看起来不定形、无规则的形状。

把它们看作是不规则的、无系统的，是随机的、松散的。不规则的有机设计形状激起一种生长、发展、轻浮、自由的感觉。

五、蜿蜒的曲线

就像正方形是建筑中最常见的组织形式一样，蜿蜒的曲线或许是景观设计中应用最广泛的自然形式，它在自然王国里随处可见。

来回曲折的平滑河床的边线是蜿蜒曲线的基本形式，它的特征是由些逐渐改变方向的曲线组成，没有直线。

从功能上说，这种蜿蜒的形状是设计一些景观元素的理想选择，如某些机动车和人行道适用于这种平滑流动的形式。

在空间表达中，蜿蜒的曲线常带有某种神秘感。沿视线水平望去，水平布置的蜿蜒曲线似乎时隐时现，并且伴有轻微的上下起伏之感。

新加坡机场内这一铺满鹅卵石的小径尽管是装饰性的，也能让人产生这种感觉：它在缓缓地移动，最终消失于长满草的土丘之后。

相当有规律的波动或许能表达出蜿蜒的形状，就像潮汐的入口，来回涨退的海水在泥土中刻出波状的图形。

在这些波浪形的人行道中，设计了类似上述形状但更规律化的图形。

蜿蜒曲线的变化存在于这一树干的裂缝中。从人行道和草地边缘的实例中，可以看出一个设计者如何靠变换曲线的形式，从而在流线中创造有趣的韵律。

如果把水平的曲面从地平面抬高，将会增强它的影响力。

现在考虑一下垂直平面上的曲面形式，用上下的波动形式来代替那种水平波动的形式。墙的上部平面、向上的波状物及地面的土丘都能表达这种垂直波动的形式。

就如包含着环状气泡的冰块一样，平滑的曲线也有很多有趣的形式。和直线的特点一样，曲线也能环绕形成封闭的曲线。

当这种封闭的曲线被用于景观之中时，它能形成草坪的边界、水池的驳岸或者水中种植槽的外沿。总之，这些形状给空间带来一种松散的、非正式的气息。

某社区的干旱园设计方案，它显示了由理念性方案发展为以曲线为主旋律的方案的过程，图中的步行道、墙、干涸的小溪及种植区的边线都设计成蜿蜒的形式。需要注意：在限定三维空间方面，这类形式是很重要的。

为了能画出自由形式的曲线，最好使用徒手快速画线法，即保持手指不动，只让肩关节和肘关节用力，努力画出平滑、有力的波形条纹，避免了产生直线和无规律的颤动点。

六、生物有机体的边沿线

一条按完全随机的形式改变方向的直线能画出极度随机的图形，它的随机程度是前面所提到的图形（蜿蜒曲线、松散的椭圆、螺旋形等）所无法比拟的。这一"有机体"特性能很好地在下面大自然的实例中被发现。

生长在这一岩石上的地衣有一个界限分明的不规则边沿，边沿的有些地方还有一些回折的弯。这种高度的复杂性和精细性正是生物有机体边界的特征。

自然界植物群落或新下的雪中，经常存在一些软质的、不规则的形式。尽管形式繁多，但它们拥有一种可见的秩序，图不规则边沿这种秩序是植物对环境的变化和那些诸如水系、土壤、微气候、火灾、动物栖息地等不确定因素的反映结果。

景观中的一些不规则的特点。自然材料，如未雕琢的石块、土壤、水、植物等，很容易地就能展现出生物有机体的特点，可这些人造的塑模材料，如水泥、玻璃纤维、塑料，也能表现出生物有机体的特点。这种较高水平的复杂性把复杂的运动引入到设计中，能增加观景者的兴趣，吸引了观景者的注意力。

七、聚合和分散

自然形体的另一个有趣的特性是二元性。它将统一和分散两种趋势集为一体：一方面，各元素像相互吸引一样丛状聚合在一起，组成不规则的组团；另一方面，各元素又彼此分离成不规则的空间片段。

图形由特定自然形体派生而来，同时也是对它们的解释。

景观设计师在种植设计中用聚合及分散的手法，来创造出不规则的同种树丛或彼此交织和包裹的分散的植物组。

成功创造出自然丛状物体的关键是在统一的前提下，应用一些随机的、不规则的形体。例如，围绕池塘的一组石块可通过改变大小、形状和空间排列而成。有些石块应该比其他的大一些；有些石块因空间排序和形状的需要必须突出于水面，另一些则需沿着池岸抬阶而上；有些石块要显示出高耸的立面，而另一些却要强调平面效果。这组石块通过大致相同的色彩、质地、形状和排列方向统一在一起。

也有一些分散的例子，它们表达一种破裂分开的感觉，包含一个紧密联系在一起的元素向松散的空间元素逐渐转变概念。

当设计师想由硬质景观（如人行道）向软质景观（如草坪）逐渐转变时，或想创造出一丛植物群渗入另一丛植物群的景象时，聚合和分散都是很有用的手段。一个丛状体和另一个丛状体在交界处要以一种松散的形式连接在一起。

第二节　园林景观设计的几何形式

一、90°／矩形主题

90°／矩形主题是最简单和最有用的几何元素，它同建筑原料形状相似，易于同建筑物相配。在建筑物环境中，正方形和矩形或者是景观设计中最常见的组织形式，原因是这两种图形易于衍生出相关图形。

用90°的网格线铺在概念性方案的下面，就能很容易地组织出功能性示意图。通过90°网格线的引导，概念性方案中的粗略形状将会被重新改写。

那些新画出的、带有90°拐角和平行边的盒子一样的图形，就赋予了新的含义。在概念性方案中代表的抽象思想，如圆圈和箭头轮廓分别代表功能性分区和运动的走向。而在重新绘制的图形中，新绘制的线条则代表实际的物体，变成了实物的边界线，显示出从一种物体向另一种物体的转变，或者是一种物体在水平方向的突然转变。在概念性方案中用一条线表示的箭头变成了用双线表示的道路的边界，遮蔽物符号变成了用双线表示的墙体的边界，中心点符号变成了小喷泉。

90°模式最易于中轴对称搭配，它经常被用在要表现正统思想的基础性设计中。矩形的形式尽管简单，也能设计出一些不寻常的有趣空间，特别是把垂直因素引入其中，把二维空间变为三维空间以后。由台阶和墙体处理成的下陷及抬高的水平空间的变化，丰富了空间特性。

在结束直线形模式之前，使我们尝试用变形的网格线来绘制复杂图形。当用它进行规划时，可创造出一些极具前景的有趣方案。

二、120°／六边形主题

一个六边形的景观元素设计可以被描画出来。当采用135°图案的时候，没有必要把材料的边缘按照网格线来描画，但是却必须始终和网格线平行。

根据概念性方案图的需要，可以按相同尺度或不同尺度对六边形进行复制。当然，如果需要的话，也可以把六边形放在一起，使它们相接、相交或彼此镶嵌。为保证统一性，尽量避免排列时旋转。

欲使空间表现更加清晰，可用擦掉某些线条、勾画轮廓线及连接某些线条等方法简化内部线条。

根据设计需要，可以采取提升或降低水平面、突出垂直元素或发展上部空间的方法来开发三维空间，也可以通过增加娱乐和休闲设施的方法给空间赋予人情味。

三、135°／八边形主题

多角的主题更加富有动态，不像90°／矩形主题那么规则。它们能给空间带来更多的动感。135°／八边形主题也能用准备好的网格线完成概念到形式的跨越。把两个矩形的网格线以45°相交就能得到基本的模式。为比较两种方法的差异，这里还用上次的概念性设计方案图，不同的是用135°／八边形主题的网格作底图。

重新画线使之代表物体或材料的边界和标高变化的过程很简单。因为下面的网格线仅是一个参照模板，故没必要很精确地描绘上面的线条，但重视其模块，并注意对应线条之间的平行还是很重要的。当改变方向时，主要的角度应是135°（有一些90°角是可以的，但是要避免45°角）。

在大多数情况下，锐角会引起一些问题。这些点产生张力，狭窄的垂直边感觉上像刀一样让人不舒服，小的尖角难于维护，狭窄的角常常产生结构的损坏。

四、椭圆形

椭圆能单独应用，也可以多个组合在一起，或者同圆组合在一起。

椭圆从数学概念上讲，是由一个平面与圆锥或圆柱相切而得。相切的角度是不能平行于主要的水平或垂直轴的斜切。

椭圆可看成被压扁的圆。绘制椭圆最简单的方法是使用椭圆模板，但是用模板绘制的椭圆可能不是太扁，就是太圆，难以满足你的需要。

五、多圆组合

圆的魅力在于它的简洁性、统一感和整体感。它也象征着运动和静止双重特性。单个圆形设计出的空间能突出简洁性和力量感，多个圆在一起所达到的效果就不止这些了。

多圆组合的基本模式是不同尺度的圆相套或相交。

从一个基本的圆开始，复制、扩大、缩小。

圆的尺寸和数量由概念性方案所决定，必要时还可以把它们嵌套在一起以代表不同的物体。

当几个圆相交时，把它们相交的弧调整到接近90°，可以从视觉上突出它们之间的交叠。

用擦掉某些线条、勾画轮廓线、连接圆和非圆之间的连线等方法可以简化内部线条。连接如人行道或过廊这类直线时，应该使它们的轴线与圆心对齐。

避免两圆小范围的相交，这将产生一些锐角。也要避免画相切圆，除非几个圆的边线要形成"S"形空间，在连接点处反转也会形成一些尖角。

在某宾馆内广场的俯视图中有四个圆形景观元素，它们分别是一个水池、一块抬高的平台、一座顶部铺满茅草的伞状小亭和一个周围挖有水沟的棚架。这四个分离的元素通过人行道连接成一个整体。

六、同心圆和半径

准备一个"蜘蛛网"样的网格，用同心圆把半径连接在一起。将网格铺于概念性平面图之下。

然后根据概念性平面图中所示的尺寸和位置，遵循网格线的特征，绘制实际物体平面图。所绘制的线条可能不能同下面的网格线完全吻合，但它们必须是这一圆心发出的射线或弧线。擦去某些线条以简化构图。与周围的元素形成90°角的连线。

在拐角处绘制不同尺寸的圆，使每个圆的边和直线相切。描绘相关的边形成由圆弧和切线组成的图形。

增加简单的连线使之与周围环境相融合。增加一些材料和设施细化设计图，进一步满足雇主的需要。

如果你觉得这种盒子样式的图形过于呆板，可以在细化图形之前采取另一步骤。前面绘出的圆可以沿着不同的方向推动，之后把对应的切线画出，使之看似一些围绕轮子的传送带。

最后形成较松散的流线形式，但是其中也隐含有规则式的成分。

八、弓形

圆在这里被分割成半圆、1/4圆、焰饼形状的一部分，并且可沿着水平轴和垂直轴移动而构成新的图形。

从一个基本的圆形开始，把它分割、分离，再把它们复制、扩大或缩小。

根据概念性方案，决定所分割图形的数量、尺寸和位置。

沿同一边滑动这些图形，合并一些平行的边，使这些图形得以重组。绘制轮廓线，擦去不必要的线条，以简化构图。增加连接点或出入口，绘出图形大样。

九、螺旋线

尽管用数学方法绘出的螺旋线有令人羡慕的精确性，但园林设计中广泛应用的还是徒手画的螺旋线，即自由螺旋线。

为归纳几何形体在设计中的应用，把一个社区广场的概念性规划图用不同图形的模式进行设计。每一方案中都有相同的元素：临水的平台、设座位的主广场、小桥与必要的出入口。

第三节　园林景观设计的非常形式

一、相反的形式

故意把不和谐的形体放在同一个景观中能导致了一种紧张感。

把相互冲突的形式作为对应物布置在一起，会引发一种特殊的情感。一个广场内，地面铺装的花纹和谢十的矮墙之间不一致的、对立的关系会引起视觉上的不适。

"不完全正确"的形式是故意引入紧张情绪的另一种方法。因为我们的意识中有一个完美的形象，并且会下意识地去追寻它。

一些观景者看到一处缺点，可能就会失望地离去；另一些可能知道，这是故意设计的不协调并会寻找原因。这很有可能会搅乱人们的视线。

不相容的形式相叠加，会造成对立的形式，即把一种物体放置到与其明显无关的另一物体之上。

例如，在一个弯曲的种植床或地面弯曲的线条上叠加一个带垂直拐角的直线形的座凳，如果不把座凳当成一个整体去观察，那些相互交叠的点就会成为景观中引起紧张的点。如果把它们看作一个个独立的空间，或许会协调一点。

某步行商业街中存在着几种对立的形式：曲折的墙、直线形的镶边、不规则的石头边界、直线形的台阶、三种不同的铺装模式。所有这些以一种古怪的、非理性的关系混合在一起，没有任何统一。或许打破这些规则之后，才可以创造出奇怪的模式。

二、锐角形式

某些条件下，通过精心安排，锐角也能成功地与环境融为一体。

建筑师贝聿铭就很有效地把尖角引人他的很多作品之中。它们与正常的直角线条显著不同。

同样，在一些城市广场中也有很多尖锐的边。它们的位置设计得很巧妙，从而使它们不至于给人们带来危险。

喷泉下的尖角台阶已成为水中的雕塑。它们强化流水的动感特征。为避免出现间断的点，尖角的顶端都设计成圆形。

两圆相接难免会出现锐角。在同一地平面上的铺装图案不存在危险的问题。然而，可以通过修剪使绿篱的角度圆化，也能软化这些垂直面上的边界。

三、解构

解构是故意把物体或空间设计成一种遭破坏、腐烂或不完全的状态。或许它仅仅是抓住人们视线的秘密武器，或许它根植于最初的设计概念和目标之中。尽管这种方法可能超乎寻常，但它绝非新鲜物。许多英国古典园林就用这种"腐蚀"的结构以表达久远之感。

某一现代园林中，墙上的一些砖块被精心摆放，以创造出一种结构分散的感觉。诚然，砖块与周围的草坪不相容，但由墙上的洞和地上的砖组成的无规律整体也形成了一种有趣的景象。

石头园不仅使用了各种形状、质地和色彩的岩石，也通过一块部分埋入地下的倾斜立方体石块来表达一种内在的含义。靠近一侧是弯曲的断裂水泥步行道，它不具有实际功能，却能作为立方体石块的补充。它们放在一起，能激起人们对那不可见的地球引力的遐想。

倒下的方尖碑也是用动态过程表达静态效果。和墙体相交处，方尖碑故意产生一条裂纹，使这一纯粹的直线变成了略带弯曲，不难想象似乎是下落过程中把它放置那儿一样。

采用外观新颖的材料和熟悉的结构营造出古老的、破损的、部分毁坏的、衰败的景观，从而给人以摇摇欲坠的感觉，是设计师追求的一种目标。这种手法对想表达毁坏含义的设计，如战争、地震、侵蚀、火灾等，具有了增强效果。

墙和相应的建筑可作为破坏性建筑形式来欣赏，或可提醒人们这里是地震易发地区。

四、变形和视错觉的景观

空间的视错觉在室外环境设计中非常有用。狭长空间的末端可通过空间形式和垂直韵律的控制而拉近或推远。

有一些给人留下深刻印象的壁画作品，例如，一块闲置的地皮因墙体上部空间和漂浮的海贝引起幻觉而呈现一派海洋景观。

从前面看这座古老的建筑右侧正面扁平，直接看这一正面时一个崭新的世界展现在你的面前。设计师捕捉了韦尼蒂安（Venetian）广场和运河强有力的透视深度，烟囱被安置于立柱顶部，其投影进一步增强了这一空间的幻觉。

扭曲变形就是熟悉的物体应用时改变它们正常的方式、位置或彼此联系。例如，有的人体模型花园可能会很多人不喜欢，功能性也不强，但是观察者却会对这一连串违背常规的做法表示惊喜。

五、标新立异的景观

我们所说的标新立异是指那些不同寻常却没有危害的设计师，他们同样富有创造性和充满活力。他们设计的作品常常不合常规，甚至打破常规，在形式、色彩、质地方面包含一些"疯癫的"有趣成分。

六、社会和政治景观

公园的形式反映了一种社会现象。某大学校园附近的半个城区曾经满是泥泞，并持续多年。

有一天，市民们开始自发改善这一地区。可以凹凸不平的地面铺上了草坪，添置了游乐设施，并种植了蔬菜。当时狂热的建设时期，没有规划、无人指导。

如果按照人们习惯接受的准则来衡量，这远称不上完美的设计。由于大家共同参与劳动和玩乐，使这一地区变得生机勃勃，他们认为它是有用的、美丽的，这就是社会和政治景观。对多数人来说，这个公园是十分成功的设计，这一景观仅维持了短短几周时间，因为对当权者来说，这种违背常规的做法是不能接受的。这一公园被取消，其形式随后被变为传统的（却是不实用的）修剪整齐的草地和一个球场。

某花展中一个以反映环境退化为主题的花园，左半部展示宜人的繁茂绿地，右半部却是一幅毁灭景象。该景观传递某种社会学信息，它吸引人吗？不。实用吗？不。它会引起争议吗？的确如此！

第四章 园林景观规划设计基础知识

第一节　园林艺术基础知识

　　园林艺术是指在园林创作中，通过审美创造活动再现自然和表达情感的一种艺术形式。是园林学研究的主要内容，是美学、艺术、文学及绘画等多种艺术学科理论的综合应用，其中美学的应用尤为重要。

一、园林美学概述

1. 古典美学

　　美学是研究审美规律的科学。由汉字"美"字的结构上看，"羊大为美"，说明美与满足人们的感观愉悦和美味享受有直接关系，因此，凡是能够使人得到审美愉悦的欣赏对象称为"美"。

　　我国古代美学思想表现为以孔子为代表的儒家思想学说与以庄子为代表的道家学说，儒道互补是 2000 年来中国美学思想的一条基本线索。

　　孔子认为形式的美和感性享受的审美愉悦应与道德的善统一起来，即尽善尽美，提倡形式与内容的适度统一，建立了"中庸"的美学批评原则，在审美和艺术中以"中庸"为自己的美学批评尺度，要求把对立双方适当统一起来以达到和谐的发展。

　　庄子认为美在于无为、自由，而这种自由境界的达到必须要消除物对于人的支配，达到物与我的统一，庄子在《知北游》中说："天地有大美而不言，四时有明法而不议，万物有成理而不说。圣人者，原天地之美而达万物之理，是故圣人无为，大圣不作，观于天地之谓也。"天地的"大美"就是"道"。"道"是天地的本体。庄子的美学思想强调"天人合一"之美、"返璞归真"之美与美的相对性，对我国造园思想影响很大。

2. 现代美学

从古典美学来看，美学是依附于哲学的，后来美学逐渐从哲学中分离出来，形成一门独立的学科，现代美学发展的趋向是各门社会科学（如心理学、伦理学、人类学等）和各门自然科学（如控制论、信息论、系统论等）的综合应用。

3）园林美学

园林美源于自然，又高于自然，是自然景观的典型概括，是自然美的再现。它随着我国文学绘画艺术和宗教活动的发展而发展，是自然景观和人文景观的高度统园林美是园林师对生活、自然的审美意识（感情、趣味、理想等）和优美的园林形式的有机统一，是自然美、艺术美和社会美的高度融合。

园林属于五维空间的艺术范畴，一般有两种提法；一是长、宽、高、时间空间和联想空间（意境）；二是线条、时间空间、平面空间、静态立体空间、动态流动空间和心理思维空间，两者都说明园林是物质与精神空间的总和。

园林美具有多元性，表现在构成园林的多元素和各元素的不同组合形式之中。园林美也有多样性，主要表现在历史、民族、地域、时代性的多样统一之中。

（1）园林美的特征园林美是自然美、艺术美及社会美的高度统一。

①自然美

自然美即自然事物的美，自然界的昼夜晨昏、风云雨雪、虫鱼鸟兽、竹林松涛、鸟语花香都是自然美的组成部分。自然美的特点偏重于形式，往往以其色彩、形状、质感、声音等感性特征直接引起人们的美感。人们对于自然美的欣赏往往注重其形式的新奇、雄浑、雅致，而不注重它所包含的社会内容。自然美随着时空的变化而表现不同的美，如春、夏、秋、冬的园林表现出不同的自然景象，园林中多依此而进行季相景观造景。

例如我国黄果树瀑布。

②艺术美

艺术美是自然美的升华。尽管园林艺术的形象是具体而实在的，但是，园林艺术的美又不仅仅限于这些可视的形象实体上，而是借用山水花草等形象实体，运用种种造园手法和技巧，合理布置，巧妙安排，灵活运用，来传述人们特定的思想情感，创造园林意境。重视艺术意境的创造，是中国古典园林美学的最大特点。中国古典园林美主要是艺术意境美，在有限的园林空间里，缩影无限的自然，造成咫尺山林的感觉，产生"小中见大"的效果。

如扬州的个园，成功地布置了四季假山，运用不同的素材和技巧，使春、夏、秋、冬四时景色同时展出，从而延长了游览园景的时间。这种拓宽艺术时空的造园手法强化了园林美的艺术性。

③社会美

社会美是社会生活与社会事物的美，它是人类实践活动的产物。园林艺术作为一种社会意识形态，作为上层建筑，它自然要受制于社会存在。作为一现实的生活境域，也会反映社会生活的内容，表现园主的思想倾向。

例如，法国的凡尔赛宫苑布局严整，是当时法国古典美学总潮流的反映，是君主政治至高无上的象征。

（2）园林美的主要内容 园林美是多种内容综合的美，其主要内容表现为10个方面。

①山水地形美

利用自然地形地貌，加以适当的改造，形成园林的骨架，使园林具有雄浑、自然的美感。

我国古典园林多为自然山水园。如颐和园以水取胜、以山为构图中心，创造山水地形美的典范。

②借用天象美

借大自然的阴晴晨昏、风云雨雪、日月星辰造景。是形式美的一种特殊表现形态，能给游人留下充分的思维空间。

西湖十景中的断桥残雪，即借雪造景；山东蓬莱仙境，为借"海市蜃楼"这种天象奇观造景。

③再现生境美

仿效自然，创造人工植物群落和良性循环的生态环境，创造了空气清新、温度适中的小气候环境。

各地的森林公园是再现生境美的典型例子。

④建筑艺术美

为满足游人的休息、赏景驻足、园务管理等功能的要求和造景需要，修建一些园林建筑构筑物，包括亭台廊榭、殿堂厅轩、围墙栏杆、展室公厕等 s. 成景的建筑能起到画龙点睛的作用。园林建筑艺术往往是民族文化和时代潮流的结晶 m² 我国古典园林中的建筑数量比较多，代表着中华民族特有的建筑艺术与建筑技法，如北京天坛，其建筑艺术无与伦比，其中的回音壁、三音石等令中外游客叹为观止

⑤工程设施美

园林中，游道廊桥、假山水景、电照光影、给水排水、挡土护坡等各项设施，必须配套，要注意区别于一般的市政设施，在满足工程需要的前提下进行适当的艺术处理，形成独特的园林美景。

承德避暑山庄的"日月同辉"根据光学原理中光的入射角与反射角相等的原理，在文津阁的假山中制作了一个新月形的石孔，光线从石孔射到湖面上，形成月影，再反射到文津阁的平台上，游人站到一定的位置上可白日见月，出现"日月同辉"的景观。

⑥文化景观美

园林借助人类文化中诗词书画、文物古迹、历史典故，创造诗情画意的境界。

园林中的"曲水流觞"因王羲之的《兰亭集序》而闻名。现代园林中多加以模拟

而成曲水，游人置身于水景之前，似能听郅当年文人雅士们出口成章的如珠妙语，渲染出富于文化气息的园林意境。

⑦色彩音响美

色彩是一种可以带来最直接的感官感受的因素，若处理得好，会形成强烈的感染。风景园林是一幅五彩缤纷的天然图画，是一曲美妙动听的美丽诗篇。

我国皇家园林的红墙黄瓦绿树蓝天是色彩美的典范；苏州拙政园中的听雨轩，则是利用雨声，取雨打芭蕉的神韵。

8. 造型

艺术美㎡园林中常运用艺术造型来表现某种精神、象征、礼仪、标志、纪念意义以及某种体形、线条美㎡如皇家园林主体建筑前的华表，起初为木制，立于道口供人们进谏书写意见用，后成为一种标志，一般石造，杜身雕蟠龙，上有云板和蹲兽，向北的叫望君出，向南的叫盼君归。

⑨旅游生活美

风景园林是一个可游、可憩、可赏、可学、可居、可食、可购的综合活动空间。

满意的生活服务、健康的文化娱乐、清洁卫生的环境、便利的交通、稳定的治安保证与富有情趣的特产购物，都将给人们带来生活的美感。

⑩联想意境美

意境一词最早出自我国唐代诗人王昌龄的《诗格》，说诗有三境：一曰物境，二曰情境，二曰意境，意境就是通过意象的深化但构成心境应合、神形兼备的艺术境界，也就是主客观情景交融的艺术境界。联想和意境是我国造园艺术的特征之一。丰富的景物，通过人们的近似联想和对比联想，达到见景生情、体会弦外之音的效果。

如苏州的沧浪亭，取自于上古渔歌"沧浪之水清兮，可以濯我缨，沧浪之水浊兮，可以濯我足"，这首歌是屈原言及自己遭遇"举世皆浊我独清，举世皆醉我独醒，是以见放"时渔夫所答，拙政园中的小沧浪、网师园中的濯缨水阁，都取。

二、形式美的基本法则

1. 形式美的表现形态

自然界常以其形式美取胜而影响人们的审美感受，各种景物都是由外形式和内形式组成的。外形式由景物的材料、质地、线条、体态、光泽、色彩和声响等因素构成；内形式由上述因素按不同规律而组织起来的结构形式或结构特征所构成。如一般植物都是由根、干、冠、花、果组成，然而它们由于其各自的特点和组成方式的不同而产生了千变万化的植物个体和群体，构成了乔、灌、藤、花卉等不同形态。园林建筑是由基础、柱梁、墙体、门窗、屋面组成，但运用不同的建筑材料，采用不同的结构形式，使用不同的色彩配合，就会表现出不同的建筑风格，满足不同的使用功能，从而产生丰富多彩的风景建筑形式。

形式美是人类在长期社会生产实践中发现和积累起来的，但是人类社会的生产实践和意识形态在不断改变着，并且还存在着民族、地域性以及阶层意识的差别。因此，形式美又带有变化性、相对性和差异性。但是，形式美发展的总趋势是不断提炼与升华的，表现出人类健康、向上、创新和进步的愿望。形式美的表现形态可概括为线条美、图形美、体形美、光影色彩美、朦胧美等方面。

（1）线条美

线条是构成景物的基本因素。线的基本线型包括直线和曲线，直线又分为垂直线、水平线、斜线，曲线又分为几何曲线和自由曲线，人们从自然界中发现了各种线型的性格特征：直线表示静，曲线表示动；直线具有男性的特征，有力度，稳定感。直线中的水平线平和寂静，垂直线有一种挺拔、崇高的感觉，斜线有一种速度感、危机感，粗直线有厚重、粗笨的感觉，细直线有尖锐、神经质的感觉，短直线表示阻断与停顿，虚线产生延续、跳动的感觉；曲线富有女性化的特征，具有丰满、柔和、优雅、细腻之感，曲线中的几何曲线具有对称和规整之美，自由曲线具有自由、细腻之美。线条是造园家的语言，用它可以表现起伏的地形线、曲折的道路线、婉转的河岸线、美丽的桥拱线、丰富的林冠线、严整的广场线、挺拔的峭壁线、丰富的屋面线等。

（2）图形美

图形是由各种线条围合而成的平面形，一般分为规则式图形和自然式图形两类。它们是由不同的线条采用不同的围合方式而形成的。规则式图形是指局部彼此之间的关系以一种有秩序的方式组成的形态，其特征是稳定、有序，有明显的规律变化，有一定的轴线关系和数比关系，庄严肃穆，秩序井然，而不规则图形是指各个局部在性质上都不相同，一般是不对称的，表达人们对自然的向往，其特征是自然、流动、不对称、活泼、抽象、柔美和随意。

（3）体形美

体形是由多种界面组成的空间实体。风景园林中包含着绚丽多姿的体形美要素，表现于山石、水景、建筑、雕塑、植物造型等。不同的类型的景物有不同的体形美，同一类型的景物，也具有多种状态的体形美。如现代雕塑艺术不仅表现出景物体形的一般外在规律，而且还抓住景物的内涵加以发挥变形，出现了以表达感情内涵为特征的抽象艺术。

（4）光影色彩美

色彩是造型艺术的重要表现手段之一，通过光的反射，色彩能引起人们的生理和心理感应，从而获得美感。色彩表现的基本要求是对比与和谐，人们在风景园林空间里，面对色彩的冷暖、光影的虚实，必然产生丰富的联想和精神满足。

（5）朦胧美

朦胧模糊美产生于自然界，常见的有雾中景、雨中花、云间佛光及烟云细柳，它是形式美的一种特殊表现形态，能产生虚实相生、扑朔迷离的美感。它给游人留有较大的虚幻空间和思维余地，在风景园林中常常利用烟雨条件或平隐平现的手法给人以朦胧隐约的美感。如避暑山庄的"烟雨楼"、北京北海公园的"烟云尽志"，又如泉城济南，有古诗赞曰："云雾润蒸华不注，波涛声震大明湖"，这是把泉涌的动态与云蒸雾华之美结合起来的朦胧之美。

2. 形式美法则与应用

（1）多样统一法则

多样统一是形式美的最高准则，与其他法就有着密切的关系，起着"统帅"作用。各类艺术都要求统一，在统一中求变化。统一用在园林中所指的方面很多，例如形式与风格，造园材料、色彩、线条等。统一可产生整齐、协调、庄严肃穆的感觉，但过分统一则会产生呆板、单调的感觉，所以常在统一之上加上一个"多样"，就是要求在艺术形式的多样变化中，有其内在的和谐统一关系。风景园林是多种要素组成的空间艺术，要创造多样统一的艺术效果，可以通过多种途径来达到。

①形式与内容的变化统一

不闻性质的园林，有与其相对应的不同的园林形式。形式服从于园林的内容，体现园林的特性，表达园林的主题。

总体布局采用了十字对称布局形式，和汉代礼制性建筑注重纵横轴线的特征相吻合，创造严谨有序的主题，而水景的设计又在统一中创造了变化，别具一格。

②局部与整体的多样统一

在同一园林中，景区景点各具特色，但就全园总体而言，其风格造型、色彩变化均应保持与全园整体基本协调，在变化中求完整，寓变化于整体之中，求形式与内容的统一，使局部与整体在变化中求协调，这是现代艺术对立统一规律在人类审美活动中的具体表现。

从建筑的构造、装饰，到绿化布置无不体现汉代文化特征，与整体氛围相协调。绿化时采用银杏、柏、白皮松等古老树种对称栽植，适当点缀观花观叶植物，建筑周围以草坪取代大面积的硬质铺装，既体现了汉代礼制性建筑的博大宏伟、庄严质朴，又充满现代气息。

③风格的多样与统一

风格是在历史的发展变化中逐渐形成的。一类风格的形成，与气候、国别、民族差异、文化及历史背景有关。西方园林把许多神像规划于室外的园林空间中，而且多数放置在轴线上或轴线的交点上，而中国的神像一般供奉于名山大川的殿堂之中。这是东西方的文化和意识形态使然。西方园林以规则式为代表，体现改造自然、征服自然的几何造园风格，中国园林以自然山水为其特色，体现天人合一的自然风格。这说明风格具有历史性和地域性。

建筑中瓦的纹样采用汉龙图案并加大底瓦尺寸，突出了秦砖汉瓦与众不同的风格；屋面用黑灰色，梁柱门窗为红棕色，墙面浅黄色，台基青灰色，体现汉代宫苑风格。

④形体的多样与统一

形体可分为单一形体与多种形体。形体组合的变化统一可运用两种办法，其一是以主体的主要部分去统一各次要部分，各次要部分服从或类似于主体，起衬托呼应主体的作用；其二对某一群体空间而言，用整体体形去统一各局部体形或细部线条，以及色彩、动势。

从宫门、汉魂宫到沛公殿均采用汉代建筑造型，并且在显著位置上装饰以石雕图案，如汉魂宫角亭下方用青石雕刻苍龙、白虎、朱雀、玄武——天之四灵。

⑤图形线条的多样与统一

指各图形本身总的线条图案与局部线条图案的变化统一。在堆山掇石时尤其注意线条的统一，一般用一种石料堆成，它的色调比较统一，外形纹理比较接近，堆在一起时要注意整体上的线条统一。

⑥材料与质地的变化与统一

一座假山，一堵墙面，一组建筑，无论是单个或是群体，它们在选材方面既要有变化，又要保持整体的一致性，这样才能显示景物的本质特征。如湖石与黄石假山用材就不可混杂，片石墙面和水泥墙面必须有主次比例。一组建筑，木构、石构、砖构必有一主，切不可等量混杂。

（2）对比与调和

对比是事物对立的因素占主导地位，使个性更加突出。形体、色彩、质感等构成要素之间的差异和反差是设计个性表达的基础，能产生鲜明强烈的形态情感，视觉效果更加活跃。相反，在不同事物中，强调共同因素来达到协调的效果，称为调和。同质部分成分多，调和关系占主导，异质部分成分多，对比关系占主导。调和关系占主导时，形体、色彩、质感等方面产生的微小差异称为微差，当微差积累到一定程度时，调和关系便转化为对比关系。对比关系主要是通过视觉形象色调的明暗、冷暖，色彩的饱和与不饱和，色相的迥异，形状的大小、粗细、长短、曲直、高矮、凹凸、宽窄、厚薄，方向的垂直、水平、倾斜，数量的多少，排列的疏密，位置的上下、左右、高低、远近，形态的虚实、黑白、轻重、动静、隐现、软硬、干湿等多方面的对立因素来达到的。它体现了哲学上矛盾统一的世界观。对比法则广泛应用在现代设计当中，具有很强的实用效果。

园林中调和的表现是多方面的，如形体、色彩、线条、比例、虚实、明暗等，都可以作为要求调和的对象。单独的一种颜色、单独的一根线条无所谓调和，几种要素具有基本的共通性和融合性才称为调和。比如一组协调的色块，一些排列有序的近似图形等。调和的组合也保持部分的差异性，但是当差异性表现为强烈和显著时，调和的格局就向对比的格局转化。

（3）均衡与稳定

由于园林景物是由一定的体量和不同材料组成的实体，因而常常表现出不同的重量感，探讨均衡与稳定的原则，是为了获得园林布局的完整和安全感。稳定是指园林布局的整体上下轻重的关系而言，但均衡是指园林布局中的部分与部分的相对关系，如左与右、前与后的轻重关系等。

园林布局中要求园林景物的体量关系符合人们在日常生活中形成的平衡安定的概念，所以除少数动势造景外（如悬崖、峭壁等），一般艺术构图都力求均衡。均衡可分为对称均衡和非对称均衡。均衡感是人体平衡感的自然产物，它是指景物群体的各部分之间对立统一的空间关系，一般表现为静态均衡与动态均衡两大类型，创作方法包括构图中心法、杠杆平衡法、惯性心理法等。

1）均衡的分类

①静态均衡

静态均衡又称为对称均衡。自然界中到处可以见对称的形式，如鸟类的羽翼花木的叶子等。所以，对称的形态在视觉上有自然、安定、均匀、协调、整齐、典雅、庄重、完美的朴素美感符合人们的视觉习惯。平面构图中的对称可分为点对称和轴对称。假定在某一图形的中央设一条直线，将图形划分为相等的两部分，如果两部分的形状完全相等，这个图形就是轴对称的图形，这条直线称为对称轴。假定针对某一图形，存在一个中心点，以此点为中心通过旋转得到相同的图形，即称为点对称。对称均衡布局常给人庄重严整的感觉，规则式的园林绿地中采用较多，如纪念性园林，公共建筑的前庭绿化等，有时在某些园林局部也运用。对称均衡小至行道树的两侧对称、花坛、雕塑、水池的对称布置；大至整个园林绿地建筑、道路的对称布局。对称均衡布局的景物常常过于呆板而不亲切，若没有对称功能和工程条件的，如硬凑对称，往往妨碍功能要求及增加投资，故应避免单纯追求所谓"宏伟气魄"的平立面图案对称处理。

②动态均衡

动态均衡又称为不对称均衡。在园林绿地的布局中，由于受功能、组成部分、地形等各种复杂条件制约，往往很难也没有必要做到绝对对称形式，在这种情况下常采用不对称均衡的手法。在衡器上两端承受的重量由一个支点支持，当双方获得力学上的平衡状态时，称为平衡，园林中的平衡是根据形象的大小、轻重、色彩及其他视觉要素的分布作用于视觉判断的平衡。平面构图上通常以视觉中心为支点，各构成要素以此支点保持视觉意义上的力度平衡。不对称均衡的布置要综合衡量园林绿地构成要素的虚实、色彩、质感、疏密、线条、体形、数量等给人产生的体量感觉，切忌单纯考虑平面的构图。不对称均衡的布置小至树丛、散置山石、自然水池；大至整个园林绿地、风景区的布局，给人以轻松、自由、活泼变化的感觉，因此广泛应用于一般游憩性的自然式园林绿地中。

2）均衡的创意方法

①构图中心法

在群体景物之中，有意识地强调一个视线构图中心，而使其他部分均与其取得对应关系，从而在总体上取得均衡感。构图中心往往取几何重心。在平面构图中，任何形体的重心位置都和视觉的安定有紧密的关系，重心处理是平面构图探法讨的一个重要的方面。

②杠杆平衡法

根据杠杆力矩的原理，使不同体量或重量感的景物置于相对应的位置而取得平衡感。如右图北京颐和园昆明湖上的南湖岛，通过十七孔桥与廓如亭相连 6 廓如亭体量巨大，面积 130 m^2，为八重檐特大型木结构亭，有 24 根圆柱、16 根方柱，内外 3 圈柱子。虽为单体建筑，却能与南湖岛的建筑群取得均衡。

③惯性心理法

人们在生产实践中形成了一种习惯上的重心感。如一般认为右为主（重），左为辅（轻），故鲜花戴在左胸较为均衡；人右手提物身体必向左倾，人向前跑手必向后摆。

人体活动通常在立体三角形中取得平衡，用于园林造景中就可以广泛地运用三角形构图法，园林静态空间与动态空间的重心处理等，它们均是取得景观均衡的有效方法。

园林布局中稳定是针对园林建筑、山石和园林植物等上下、大小所呈现的轻重感的关系而言。在园林布局上，往往在体量上采用下面大、向上逐渐缩小的方法来取得稳定坚固感，如我国古典园林中塔和阁等；另外在园林建筑和山石处理上也常利用材料、质地所给人的不同的重量感来获得稳定感，如在建筑的基部墙面多用粗石和深色的表面来处理，而上层部分采用较光滑或色彩较浅的材料，在土山带石的土丘上，也往往把山石设置在山麓部分而给人以稳定感。

（4）比例与尺度

比例包含两方面的意义：一方面是指园林景物、建筑整体或者它们的某个局部构件本身的长、宽、高之间的大小关系；另一方面是园林景物、建筑物整体与局部、或局部与局部之间空间形体、体量大小的关系，这种关系使人得到美感，这种比例就是恰当的。

园林建筑物的比例问题主要受建筑的工程技术和材料的制约，如由木材、石材、混凝土梁柱式结构的桥梁所形成的柱、栏杆比例就不同。建筑功能要求不同，表现在建筑外形的比例形式也不可能雷同。例如向群众开放的展览室和仅作为休息赏景用的亭子要求的室内空间大小、门窗大小都不同。

尺度是景物、建筑物整体和局部构件与人或者人所习见的某些特定标准的大小关系。功能、审美和环境特点决定园林设计的尺度。园林中的一切都是与人发生关系的，都是为人服务的，所以要以人为标准，要处处考虑到人的使用尺度、习惯尺度及与环境的关系。如供给成人使用和供给儿童使用的坐凳，就要有不同的尺度。

园林绿地构图的比例与尺度都要以使用功能和自然景观为依据。

比例与尺度受多种因素影响，承德避暑山庄、颐和园等皇家园林都是面积很大的园林，其中建筑物的规格也很大；苏州古典园林，是明清时期江南私家山水园林，园林各部分造景都是效仿自然山水，把自然山水经提炼后缩小在园林之中，无论在全局上或局部上，它们相互之间以及与环境之间的比例尺度都是很相称的，规模都比较小，建筑、景观常利用比例来突出以小见大的效果。

（5）节奏与韵律节

奏本是指音乐中音响节拍轻重缓急的变化和重复。在音乐或诗词中按一定的规律重复出现相近似的音韵即称为韵律。这原来属于时间艺术，拓展到空间艺术或视觉艺术中，是指以同一视觉要素连续重复或有规律地变化时所产生的运动感，像听音乐一样给人以愉悦的韵律感，而且由时间变为空间不再是瞬息即逝，可保留下来成为凝固的音乐、永恒的诗歌，令人长期体味欣赏，韵律的类型多种多样，在园林中能创造优美的视觉效果。

归纳上述各种韵律，可以说，韵律设计是一种方法，可以把人的眼睛和意志引向一个方向，是把注意力引向景物的主要因素。总的来说，韵律是通过有形的规律性变化，求得无形的韵律感的艺术表现形式。

第二节 景与造景艺术手法

一、景的形成

通常园林绿地均由若干景区组成，但景区又根据若干景点组成，所以，景是构成园林绿地的基本单元（见表4-1）。

表4-1 景的形成

景的形成		说明
1. 景的含义		景即"风景""景致"，指在园林绿地中，自然的或经人工创造的、以能引起人的美感为特征的一种供作游憩观赏的空间环境。园林中常有"景"的提法，如著名的西湖十景、燕京八景、圆明园四十景、避暑山庄七十二景等。
2. 景的主题	①地形主题	地形是园林的骨架，不同的地形能反映不同的风景主题。平坦地形塑造开阔空旷的主题；山体塑造险峻、雄伟的主题；谷地塑造封闭、幽静的主题；溪流塑造活泼、自然的主题。
	②植物主题	植物是园林的主体，可创造自然美的主题。如以花灌木塑造"春花"主题；以大乔木塑造"夏荫"主题、秋叶秋果塑造"秋实"主题，为季相景观主题；以松竹梅塑造"岁寒三友"主题，为思想内涵主题。
	③建筑景物主题	建筑在园林中起点缀、点题、控制的作用，利用建筑的风格、布置位置、组合关系可表现园林主题。如木结构攒尖顶覆瓦的正多边形亭可塑造传统风格的主题、钢筋水泥结构平顶的亭可塑造现代风格的主题；位于景区焦点位置的园林建筑，形成景区的主题，作为园门的特色建筑，形成整个园林的主题。
	④小品主题	园林中的小品包括雕塑、水池喷泉、置石等，也常用来表现园林主题。如人物、场景雕塑在现代园林中常用来表现亲切和谐的生活主题，抽象的雕塑常用来表现城市的现代化主题。
	⑤人文典故主题	人文典故的运用是塑造园林内涵、园林意境的重要途径，可使景物生动含蓄、韵味深长，使人浮想联翩。如苏州拙政园的"与谁同坐轩"，取自苏轼"与谁同坐？明月、清风、我"；北京紫竹院公园的"斑竹麓"，取自远古时代的历史典故"湘妃"娥皇、女英与舜帝的爱情故事，配以二妃雕塑、斑竹，塑造感人的爱情主题；四川成都的杜甫草堂，以一座素雅质朴的草亭表现园林主题，使人联想起杜甫在《茅屋为秋风所破歌》中所抒发的时刻关心人民疾苦的崇高品德。

二、景的观赏

游人在游览的过程中对园林景观从直接的感官体验从而得到美的陶冶、产生思想的共鸣、设计师必须掌握游览观赏的基本规律，才能创造出优美的园林环境。

1. 赏景层次

为赏景的第一层次，主要表现为游人对园林的直观把握，园林以其实在的形式特征，如园林各构成要素的形状、色彩、线条、质地等，向审美主体传递着审美信息。

"观""品""悟"是对园林赏景的由浅入深、由外在到内在的欣赏过程，而在实际的赏景活动中是三者合一的，即边观。

静态观赏是游人根据自己的生活体验、文化素质、思想感情等，运用联想、想象、移情、思维等心理活动，去扩充、丰富园林景象，领略、开拓园林意境的过程，是一种积极的、能动的、再创造性的审美活动。

动态观赏是指视点与景物位置发生变化，即随着游人观赏角度的变化，景物在发生变化。满足此类观赏风景，需要在游线上安排不同的风景，使园林"步移而景异"

人眼的视域为一不规则的圆锥形。人在观赏前方的景物时的视角范围称为视域，人的正常静观视域，在垂直方向上为130°，在水平方向上为160°，超过以上视域则要转动头部进行观察，此范围内看清景物的垂直视角为26°～30°，水平视角约为45°。最佳视域可用来控制和分析空间的大小与尺度、确定景物的高度和选择观景点的位置。例如苏州网师园从月到风来亭观对面的射鸭廊、竹外一支轩和黄石假山时，垂直视角为30°，水平视角约为45°，均在最佳的范围内，观赏的效果较好。

在实际的游园赏景中，往往动静结合。在进行园林设计时，既要考虑动态观赏下景观的系列布置，又要注意布置某些景点来供游人驻足进行细致观赏。

以景物高度和人眼的高度差为标准，合适视距为这个差值的3.7倍以内。建筑师认为，对景物的观赏最佳视点有3个位置：即景物高的3倍距离、2倍距离和1倍距离的位置。景物高的3倍距离为全景的最佳视距，景物高的2倍距离，为景物主体的最佳视距，景物高的1倍距离，是景物细部最佳视距。

以景物宽度为标准，合适视距为景物宽度的1.2倍。

当景物高度大于宽度时，依据高度来考虑，当景物宽度大于高度时，依据宽度和高度综合考虑。

三、造景手法

1. 远景、中景、近景与全景

景色就空间距离层次而言有近景、中景、全景和远景。近景是近观范围较小的单独风景；中景是目视所及范围的景致；全景是相应于定区域范围的总景色；远景是辽阔空间伸向远处的景致，相应于一个较大范围的景色；远景可以作为园林开阔处瞭望的景色，也可以作为登高处鸟瞰全景的背景。一般远景和近景是为了突出中景，这样的景，富有层次的感染力，合理地安排前景、中景与背景，可以加深景的画面，富有层次感，使人获得深远的感受。

2. 主景与配景

园林中景有主景与配景之分。在园林绿地中起到了控制作用的景叫"主景"，它是整个园林绿地的核心、重点，往往呈现主要的使用功能或主题，是全园视线控制的焦点。主景包含两个方面的含义：一是指整个园林中的主景，二是园林中被园林要素分割而成的局部空间的主景。

造园必须有主景区和次要景区。堆山有主、次、宾、配，园林建筑要主次分明，植物配植也要主体树种与次要树种搭配，处理好主次关系就起到了提纲挈领的作用。配景对主景起陪衬作用，使主景突出，不能喧宾夺主，在园林中是主景的延伸和补充。

突出主景的方法有主景升高或降低、面阳的朝向、视线交点、动势集中、色彩突出、占据重心、对比与调和等。

3. 抑景与扬景

传统造园历来就有欲扬先抑的做法。在入口区段设障景、对景和隔景，引导游人通过封闭、半封闭、开敞相间、明暗交替的空间转折，再通过透景引导，终于豁然开朗，到达开阔园林空间，如苏州留园。也可以利用建筑、地形、植物、假山台地在入口区设隔景小空间，经过婉转信道逐渐放开，到达开敞空间。

（1）障景

障景是遮掩视线、屏障空间、引导游人的景物。障景的高度要高过人的视线。影壁是传统建筑中常用的材料，山体、树丛等也常在园林中用于障景。障景是我国造园的特色之一，使人的视线因空间局促而受抑制，有"山穷水尽疑无路"的感觉。障景还能隐蔽不美观或不可取的部分，可障远也可障近，而障景本身又可以自成一景。

（2）对景

在轴线或风景线端点设置的景物称为对景。对景常设于游览线的前方，为正对景观。给人的感受直接鲜明，可以达到庄严、雄伟、气魄宏大的效果。在风景视线的两端分别设景，为互对，互对不一定有非常严格的轴线，可以正对，也可以有所偏离。如拙政园的远香堂对雪香云蔚亭，中间隔水，遥遥相对。

（3）隔景

隔景是将园林绿地分为不同的景区，造成不同空间效果的景物的方法，隔景的方法和题材很多，如山冈、树丛、植篱、粉墙、漏窗、景墙、复廊等。山石、园墙、建筑等可以隔断视线，为实隔；空廊、花架、漏窗、乔木等虽能造成空间的边界却仍可保持联系，为虚隔；堤岛、桥梁、林带等可造成两侧景物若隐若现的效果，称为实虚隔。隔景可以避免各景区的互相干扰，增加园景构图变化，隔断部分视线及游览路线，使空间"小中见大"。

4. 实景与虚景

园林往往通过空间围合状况、视面虚实程度影响人们观赏的感觉，并且通过虚实对比、虚实交替、虚实过渡创造丰富的视觉感受。

园林中的虚与实是相辅相成又相互对立的两个方面，虚实之间互相穿插而达到实中有虚、虚中有实的境界，使园林景物变化万千。园林当中的实与虚是相对而言的，表现在多个方面。例如，无门窗的建筑和围墙为实，门窗较多或开敞的亭廊为虚；植物群落密集为实，疏林草地为虚；山崖为实，流水为虚；喷泉中水柱为实，喷雾为虚；园中山峦为实，林木为虚；晴天观景为实，烟雾中观景为虚。

5. 框景与夹景

将园林建筑的景窗或山石树冠的缝隙作为边框，有选择地将园林景色作为画框中的立体风景画来安排，这种组景方法称为框景。由于画框的作用，游人的视线可集中于由画框框起来的主景上，增强了景物的视觉效果和艺术效果，因此，框景的运用能将园林绿地的自然美、绘画美与建筑美高度统一、高度提炼，最大限度地发挥自然美。在园林中运用框景时，必须设计好入框之景，做到"有景可框"。

为了突出优美景色，常将景色两侧平淡之景以树丛、树列、山体或建筑物等加以屏障，形成左右较封闭的狭长空间，这种左右两侧夹峙的前景叫夹景。夹景是运用透视线、轴线突出对景的方法之一，还可以起到障丑显美的作用，增加园景的深远感，同时也是引导游人注意的有效方法。

6. 前景与背景

任何园林空间都是由多种景观要素组成的，为突出表现某一景物，常把主景适当集中，并在其背后或周围利用建筑墙面、山石、林丛或者草地、水面、天空等作为背景，用色彩、体量、质地、虚实等因素衬托主景，突出景观效果。在流动的连续空间中表现不同的主景，配以不同的背景，则可以产生明确的景观转换效果。如白色雕塑宜用深绿色林木背景；而古铜色雕塑则宜采用天空与白色建筑墙面作为背景，片梅林或碧桃用松柏林或竹林作背景；一片红叶林用灰色近山和蓝紫色远山作背景，都是利用背景突出表现前景的方法。在实践中，前景也可能是不同距离多层次的，但都不能喧宾夺主，这些处于次要地位的前景常称为添景。

6. 俯景与仰景

风景园林利用改变地形建筑高低的方法，改变游人视点的位置，必然出现各种仰视或俯视视觉效果。如创造狭谷迫使游人仰视山崖而得到高耸感，创造制高点给人的俯视机会则产生凌空感，从而达到小中见大及大中见小的视觉效果。

8. 内景与借景

一组园林空间或园林建筑以内观为主的称内景，作为外部观赏为主的为外景。如园林建筑，既是游人驻足休息处，又是外部观赏点，起到内外景观的双重作用。

根据园林造景的需要，将园内视线所及的园外景色组织到园内来，成为园景的一部分，称为借景。借景能扩大空间、丰富园景及增加变化。明代计成的《园冶》中"园林巧于因借，精在体宜……借者，园虽别内外，得景则无拘远近，晴峦耸秀，绀宇凌空，极目所至，俗则屏之，嘉则收之，……所谓巧而得体者也"，即是对借景的精辟论述。借景的内容和方法如表4-2所示。

表 4-2　借景的设计

借景	分类	说明
1. 借景的内容	（1）借形组景	将建筑物、山石、植物等借助空窗、漏窗、树木透景线等纳入画面
	（2）借声组景	①借雨声组景，如白居易"隔窗知夜雨，芭蕉先有声"、李商隐"秋阳不教霜飞晚，留得残荷听雨声"为取芭蕉、荷叶等借雨声组景，是园林中常用的手法。 ②借水流的声音，如瀑布的咆哮轰鸣、小溪的清越曼妙。 ③借动物的声音，如蝉躁蛙鸣、莺歌燕语。
	（3）借色组景	园林中常借月色、云霞等组景，著名的有杭州西湖的"三潭印月""平湖秋月""雷峰夕照"等，而园林中运用植物的红叶、佳果乃至色彩独特的树干组景，更是组景的重要手法。
	（4）借香组景	鲜花的芳香馥郁、草木的清新宜人，可愉悦人的身心，是园林中增加游兴、渲染意境的不可忽视的方法。如北京恭王府花园中的"樵香亭""雨香岑""妙香亭""吟香醉月"等皆为借香组景。
2. 借景的方法	（1）远借	借取园外远景，所借园外远景通常要有一定高度，以保证不受园内景物的遮挡。有时为了更好地远借园外景物，常在园内设高台作为赏景之地。
	（2）邻借	将园内周围相邻的景物引入视线的方法。邻借对景物的高度要求不严。
	（3）仰借	以园外高处景物作为借景，如古塔、楼阁、蓝天白云等。仰借视觉易疲劳，观赏点应设亭台座椅等休息设施。
	（4）俯借	在高处居高临下，以低处景物为借景，为俯借。如登岳麓山观湘江之景。
	（5）应时而借	利用园林中有季相变化或时间变化的景物。对一日的时间变化来说，如日出朝霞、夕阳晚照；以一年四季的变化来说，如春花秋实，夏荫冬雪，多是因时而借的重要内容。

9. 题景与点景

我国园林擅用题景。题景就是景物的题名，是根据园林景观的特点和环境，结合了文学艺术的要求，用楹联、匾额及石刻等形式进行艺术提炼和概括，点出景致的精华，渲染出独特的意境。而设计园林题景用以概括景的主题、突出景物的诗情画意的方法称为点景。其形式有匾额、石刻及对联等。园林题景是诗词、书法、雕刻艺术的高度综合。例如著名的西湖十景"平湖秋月""苏堤春晓""断桥残雪""曲院风荷""雷峰夕照""南屏晚钟""花港观鱼""柳浪闻莺""三潭印月""两峰插云",景名充分运用我国诗词艺术,两两对仗,使西湖风景闻名遐迩;又如,拙政园中的"远香堂""雪香云蔚亭""听雨轩""与谁同坐轩"等等,均是渲染独特意境的点睛之笔。

第三节　园林空间艺术

一、园林空间布局的基本形式

园林绿地的形式,可以分为 3 大类,即规则式、自然式与混合式。

1. 规则式园林

规则式园林又称整形式、建筑式、图案式或几何式园林。西方园林,从古埃及、希腊、罗马起到 18 世纪英国风景式园林产生以前,基本上以规则式园林为主,其中以文艺复兴时期意大利台地建筑式园林和 17 世纪法国勒诺特平面图案式园林为代表。这一类园林,用建筑和建筑式空间布局作为园林风景表现的主要题材。

2. 自然式园林

自然式园林又称为风景式、不规则式、山水派园林等。我国园林,从有历史记载的周秦时代开始,无论是大型的帝皇苑囿还是小型的私家园林,多以自然式山水园林为主,古典园林中以北京颐和园、承德避暑山庄、苏州拙政园、留园为代表。我国自然式山水园林,从唐代开始影响日本的园林,从 18 世纪后半期传入英国,从而引起了欧洲园林对古典形式主义的革新运动。

规则式园林与自然式园林的总体布局与构成要素均有明显的区别(见表4-3)。

表 4-3　规则式园林与自然式园林的比较

	规则式	自然式
总体布局方法	一般有明显的中轴线来控制全园布局,主轴线和次要轴线组成轴线系统,或相互垂直,或呈放射状分布,上下左右对称。	一般采用山水布局手法,模拟自然,将自然景色和人工造园艺术巧妙结合,达到"虽由人作,宛自天开"的效果。
地形地貌	在平原地区,由不同标高的水平面及缓慢倾斜的平面组成;在山地及丘陵地,由阶梯式的大小不同的水平台地、倾斜平面及石级组成。	平原地带,地形为自然起伏的和缓地形与人工堆置的若干自然起伏的土丘相结合,其断面为和缓的曲线。在山地和丘陵地,则利用自然地形地貌,除建筑和广场基地以外不作大量的地形改造。

水体设计	外形轮廓均为几何形；多采用整齐式驳岸，园林水景的类型以整形水池、壁泉、整形瀑布及运河等为主，其中常以喷泉作为水景的主题。	其轮廓为自然的曲线，岸为各种自然曲线的倾斜坡度，如有驳岸也是自然山石驳岸，园林水景的类型以溪涧、河流、自然式瀑布、池沼、湖泊等为主。常以瀑布为水景主题。
建筑布局	园林不仅个体建筑采用中轴对称均衡的设计，以致建筑群和大规模建筑组群的布局，也采取中轴对称均衡的手法，以主要建筑群和次要建筑群形式的主轴和副轴控制全园。	园林内个体建筑为对称或不对称均衡的布局，其建筑群和大规模建筑组群，多采取不对称均衡的布局。全园不以轴线控制，而以主要导游线构成的连续构图控制全园。
道路广场	园林中的空旷地和广场外形轮廓均为几何形。封闭性的草坪、广场空间，以对称建筑群或规则式林带、树墙包围。道路均为直线、折线或几何曲线组成，构成方格形或环状放射形、中轴对称或不对称的几何布局。	园林中的空旷地和广场的轮廓为自然形的封闭性的空旷草地和广场，以不对称的建筑群、土山、自然式的树丛和林带包围。道路平面和剖面为自然起伏曲折的平面线和竖曲线组成。
种植设计	园内花卉布置用以图案为主题的模纹花坛为主，有时布置成大规模的花坛群，树木配置以行列式和对称式为主，并运用大量的绿篱、绿墙以区划和组织空间。树木一般整形修剪，常模拟建筑体形和动物形态，如绿柱、绿塔、绿门、绿亭和鸟兽等。	园林内种植不成行列式，以反映自然界植物群落自然之美，花卉布置以花丛、花群为主，不用模纹花坛。树木种植以孤植树、树丛、树林为主，不用规则修剪的绿篱，以自然的树丛、树群、树带来区划和组织园林空间。树木整形不作建筑鸟兽等体形模拟，而以模拟自然界苍老的大树为主。
园林其他景物	除建筑、花坛群、规则式水景和大量喷泉为主景以外，还常采用盆树、盆花、瓶饰、雕像为主要景物。雕像的基座为规则式，雕像位置多配置于轴线的起点、终点或交点上。	除建筑、自然山水、植物群落为主景以外，还采用山石、假石、桩景、盆景、雕刻为主要景物，其中雕像的基座为自然式，雕像位置多配置于透视线集中的焦点。

3. 混合式园林

园林中，规则式与自然式比例大体相当的园林，可以称为混合式园林。设计时运用综合的方法，因而兼容了自然式和规则式的特点。

在园林规划中，原有地形平坦的可规划成规则式，原有的地形起伏不平，丘陵、水面多的可规划自然式，树木少的可以做成规则式，大面积园林，以自然式为宜，小面积以规则式较经济。四周环境为规则式宜规划规则式，四周环境为自然式则宜规划成自然式。林荫道、建筑广场与街心花园等以规则式为宜。居民区、机关、工厂、体育馆、大型建筑物前的绿地以混合式为宜。

二、园林空间艺术构图

园林设计的最终目的是创造出供人们活动的空间。谈到空间，设计师常引用老子《道德经》中的"埏埴以为器，当其无，有器用之；凿户牖以为室，当其无，有室用之，……"来说明空间的本质在于其可用性。园林空间艺术布局是在园林艺术理论指导下对所有空间进行巧妙、合理、协调及系统安排的艺术，目的在于构成一个既完整又变化的美好境界。单个园林空间以尺度、构成方式、封闭程度，构成要素的特征等方面来决定，是相对静止的园林空间；而步移景异是中国园林传统的造园手法，景物随着游人脚步的移动而时隐时现，多个空间在对比、渗透、变化中产生情趣。因此，园林空间常从静态、动态两方面进行空间艺术布局。

1. 静态空间艺术构图

静态空间艺术是指相对固定空间范围内的审美感受。

（1）静态空间的构成因素

"地""顶""墙"是构成空间的 3 大要素，地是空间的起点、基础；墙因地而立，或划分空间、或围合空间；顶是为遮挡而设。顶与墙的空透程度、存在与否决定了空间的构成，地、顶、墙诸要素各自的线、形、色彩、质感、气味和声响等特征综合地决定了空间的质量。外部空间的创造中顶的作用最小，墙的作用最大，因为墙将人的视线控制在一定范围内。

①"地"

由草坪、水面、地被植物、道路、铺装广场等组成。宽阔的草坪可供坐息、游戏，空透的水面、成片种植的地被植物可供观赏，硬质铺装的道路可疏散和引导人流。通过精心推敲地的形式、图案、色彩和起伏可获得丰富的环境。

②"顶"

由天空、乔木树冠、建筑物的顶盖等组成，是空间的上部水平接口。园林中的"顶"往往断断续续、高低变化、具有丰富的层次。以平地（或水面）和天空两者构成的空间，有旷达感，所谓心旷神怡。

③"墙"

由建筑、景墙、山体、地形、乔灌木的树身及雕塑小品等组成。其高度、密实度、连续性直接影响空间的围合质量。以峭壁或高树夹峙，其高宽比在 6：1 ～ 8：1 的空间有峡谷或夹景感。由山石围合的空间，则有洞府感。以树丛和草坪构成的空间，有明亮亲切感。以大片高乔木和矮地被组成的空间，给人以荫浓景深的感觉。一个山环水绕，泉瀑直下的围合空间则给人清凉之感。一组山环树抱、庙宇林立的复合空间，给人以人间仙境的神秘感。一处四面环山、中部低凹的山林空间，给人以深奥幽静感。以烟云水域为主体的洲岛空间，给人们以仙山琼阁的联想。

（2）静态空间的类型

按照空间的外在形式，静态空间可分为容积空间、立体空间和混合空间。按照活动内容，可分为生活居住空间、游览观光空间、安静休息空间、体育活动空间等。按照地域特征分为山岳空间、台地空间、谷地空间、平地空间等。按照开敞程度分为开敞空间、半开敞空间和闭锁空间等。按构成要素分为绿色空间、建筑空间、山石空间、水域空间等。按照空间的大小分为超人空间、自然空间和亲密空间。依其形式分为规则空间、半规则空间和自然空间。根据空间的多少又分为单一空间和复合空间等。

（3）静态空间艺术构图

①开朗风景

在园林中，如果四周没有高出视平线的景物屏障时，则四面的视野开敞空旷，这样的风景为开敞风景，这样的空间为开敞空间。开敞空间的艺术感染力是：壮阔豪放，心胸开阔。但因缺乏近景的感染，久看则给人以单调之感。

平视风景中宽阔的人草坪、水面、广场以及所有的俯视风景都是开朗风景。如颐和园的昆明湖，北海公园的北海。

②闭锁风景

在园林中，游人的视线被四周的景物所阻，这样的风景为闭锁风景，这样的空间为闭锁空间。闭锁空间因为四周布满景物，视距较小，因此近景的感染力较强，久观则显闭塞。

庭院、密林。如颐和园的苏州街、北海的静心斋。

③开朗风景与闭锁风景的处理

同一园林中既要有开朗空间又要有闭锁空间，使开朗风景与闭锁风景相得益彰。过分开敞的空间要寻求一定的闭锁性。如开阔的大草坪上配置树木，可打破开朗空间的单调之感；过分闭锁的风景要寻求一定的开敞性，如庭院以水池为中心，利用水中倒影反映的天光云影扩大空间，在闭锁空间中还可通过透景、漏景的应用打破闭锁性景物高度与空间尺度的比例关系，直接决定空间的闭锁和开朗程度。当空间的直径大于周围景物高度 10 倍（闭锁空间的仰角为 6°左右），空间过分开敞，风景评价较低，仰角大于 6°风景效果逐渐提高，仰角 13°时风景效果为最好，当空间直径等于周围景物高度的 3 倍（仰角 18°）以上时，空间则过于闭塞。

城市广场四周建筑物和广场直径之比应在 1：6 ～ 1：3 变化．

设计花坛时，半径大约为 4.5 m 的区段其观赏效果最佳。在人的视点高度不变的情况下，花坛半径超过 4.5 m 以上时，花坛表面应做成斜面。当立体花坛的高度超过视点高度 2 倍以上时，应相应提高人的视点高度或将花坛做成沉床式效果

2. 动态空间艺术布局

园林对于游人来说是一个流动空间，一方面表现为自然风景本身的时空转换，另一方面表现在游人步移景异的过程中。不同的空间类型组成有机整体，构成丰富的连续景观，就是园林景观的动态序列。风景视线的联系，要求有戏剧性的安排，音乐般的节奏，既有起景、高潮、结景空间，又有过渡空间，使空间主次分明，开、闭、聚适当，大小尺度相适宜。

（1）园林空间的展示程序园林空间的展示程序应按照游人的赏景特点来安排，

常用的方法有~般序列、循环序列和专类序列 3 种。

1）一般序列

①两段式

就是从起景逐步过渡到高潮而结束，如一般纪念陵园从入口到纪念碑的程序即属此类

②三段式

分为起景—高潮—结景 3 个段落。在此期间还有多次转折，由低潮发展为高潮，接着又经过转折、分散、收缩以至结束。如北京颐和园从东宫门进入，以仁寿殿为起景，穿过牡丹台转入昆明湖边豁然开朗，再向北通过长廊地过渡到达排云殿，再拾级而上：自到佛香阁、智能海，到达主景高潮。之后向后山转移再游后湖、谐趣园等园中园，最后到北宫结束。

2）循环序列

为了适应现代生活节奏的需要，多数综合性园林或风景区采用了多向入口、循环道路系统、多景区景点划分、分布式游览线路的布局方法，以容纳成千上万游人的活动需求。因此现代综合性园林或风景区采用主景区领衔，次景区辅佐，多条展示序列。各序列环状沟通，以各自入口为起景，以主景区主景物为构图中心，以综合循环游憩景观为主线，以方便游人、满足园林功能需求为主要目的来组织空间序列，这已成现代综合性园林的特点。在风景区的规划中更要注意游赏序列的合理安排和游程游线的有机组织。

3）专类序列

以专类活动内容为主的专类园林有着它们各自的特点。如植物园多以植物演化系统组织园景序列，从低等到高等，从裸子植物到被子植物，从单子叶植物到双子叶植物，还有不少植物园因地制宜地创造自然生态群落景观形成其特色。又如动物园一般从低等动物到鱼类、两栖类、爬行类至鸟类、食草、食肉哺乳动物，乃至灵长类高级动物，等等，形成完整的景观序列，并创造出以珍奇动物为主的全园构图中心。某些盆景园也有专门的展示序列，如盆栽花卉与树桩盆景、树石盆景、山水盆景、水石盆景、微型盆景和根雕艺术等，这些都为空间展示提出规定性序列要求，故称其为专类序列。

（2）风景园林景观序列的创作手法。

①风景序列的起结开合

作为风景序列的构成，可以是地形起伏，水系环绕，也可是植物群落或建筑空间，无论是单一的还是复合的，总应有头有尾、有放有收，这也是创造风景序列常用的手法。以水体为例，水之来源为起，水之去脉为结，水面扩大或分支为开，水之细流又为合。这与写文章相似，用来龙去脉表现水体空间之活跃，来收放变换而创造水之情趣。例如，北京颐和园的后湖，承德避暑山庄的分合水系，杭州西湖的聚散水面。

②风景序列的断续起伏

是利用地形地势变化创造风景序列的手法，一般用于风景区或综合性大型公园。

在较大范围内，将景区之间拉开距离，在园路的引导之下，景序断续发展，游程起伏高下，从而取得引人入胜、渐入佳境的效果。例如，泰山风景区从红门开始，路经斗母宫、柏洞、回马岭来到中天门就是第一阶段的断续起伏序列。从中天门经快活、步云桥、对松亭、升仙坊、十八盘到南天门是第二阶段的断续起伏序列、又经过天街、碧霞祠，直达玉皇顶，再去后石坞等，这是第三阶段的断续起伏序列。

③风景序列的主调、基调、配调和转调

风景序列是由多种风景要素有机组合、逐步展现出来的，在统一基础上求变化，又在变化之中见统一，这是创造风景序列的重要手法。作为整体背景或底色的树林可谓基调，作为某序列前景和主景的树种为主调，配合主景的植物为配调，处于空间序列转折区段的过渡树种为转调，过渡到新的空间序列区段时，又可能出现新的基调、主调和配调，如此逐渐展开就形成了风景序列的调子变化，从而产生不断变化的观赏效果。

④园林植物景观序列的季相与色彩布局

园林植物是风景园林景观的主体，然而植物又有独特的生态规律。在不同的立地条件下，利用植物个体与群落在不同季节的外形与色彩变化，再配以山石水景，建筑道路等，必将出现绚丽多姿的景观效果和展示序列。如扬州个园内春景区竹配石笋，夏景区种广玉兰配太湖石，秋景区种枫树、梧桐，配以黄石，冬景区植蜡梅、南天竹，配以白色英石，并把四景分别布置在游览线的4个角落，在咫尺庭院中创造了四时季相景序。一般园林中，常以桃红柳绿表春，浓荫白花主夏，红叶金果属秋，松竹梅花为冬。

⑤园林建筑组群的动态序列布局

园林建筑在风景园林中只占有 1% ～ 2% 的面积，但是往往居于某景区的构图中心，起到画龙点睛的作用。由于使用功能和建筑艺术的需要，对建筑群体组合的本身以及对整个园林中的建筑布置，均应有动态序列的安排。对一个建筑群组而言，应该有入口、门庭、过道、次要建筑、主体建筑的序列安排。对整个风景园林而言，从大门入口区到次要景区，最后到主景区，都有必要将不同功能的景区，有计划地排列在景区序列线上，形成一个既有统一展示层次，又有多样变化的组合形式，来达到应用与造景之间的完美统一。

第四节　园林色彩艺术构图

一、色彩的基础知识

1. 色彩的基本概念

色相：是指一种颜色区别于另一种颜色的相貌特征，就是颜色的名称。

三原色：三原色指红黄蓝 3 种颜色。

色度：是指色彩的纯度。若某一色相的光没有被其他色相的光中和，也没有被物体吸收，即为纯色。

色调：是指色相的明度，某一饱和色相的色光，被其他物体吸收或被其他补色中和时，就呈现出不饱和的色调。同一色相包括明色调、暗色调和灰色调。

光度：是指色彩的亮度。

2. 色彩的感觉

长时间以来，由于人们对色彩的认识和应用，使色彩在人的生理和心理方面产生出不同的反应。园林设计师常运用色彩的感觉创造赏心悦目的视觉感受和心理感受。

（1）温度感

又称冷暖感，通常称之为色性，这是一种最重要的色彩感觉。从科学上讲，色彩也有一定的物理依据，不过，色性的产生主要还在于人的心理因素，积累的生活经验，而人们看到红、黄、橙色时，在心理上就会联想到给人温暖的火光以及阳光的色彩，因此给红、黄、橙色以及这三色的邻近色以暖色的概念。可当人们看到蓝、青色时，在心理上会联想到大海、冰川的寒意，给这几种颜色以冷色的概念。暖色系的色彩波长较长，可见度高，色彩感觉比较跳跃，是一般园林设计中比较常用的色彩。绿是冷暖的中性色，其温度感居于暖色与冷色之间，温度感适中。

暖色在心理上有升高温度的作用，因此宜于在寒冷地区应用。冷色在心理上有降低温度的感觉，在炎热的夏季和气温较高的南方，采用冷色会给人凉爽的感觉。从季节安排上，春秋宜多用暖色花卉，严寒地带更宜多用，而夏季宜多用冷色花卉，炎热地带用多了，还能引起退暑的凉爽联想。在公园举行游园晚会之时，春秋可以多用暖色照明，而夏季的游园晚会照明宜多用冷色。

（2）胀缩感

红、橙、黄色不仅使人感到特别明亮清晰，同时有膨胀感，绿、紫、蓝色使人感到比较幽暗模糊，有收缩感。因此，它们之间形成了巨大的色彩空间，增强了生动的情趣和深远的意境。光度的不同也是形成色彩账缩感的主要原因，同一色相在光度增强时显得膨胀，光度减弱时显得收缩。

冷色背景前的物体显得较大，暖色背景前的物体则显得较小，园林中的一些纪念性构筑物、雕像等常以青绿、蓝绿色的树群为背景，以突出其形象。

（3）距离感

由于空气透视的关系，暖色系的色相在色彩距离上，有向前及接近的感觉；冷色系的色相，有后退及远离的感觉。另外光度较高、纯度较高、色性较暖的色，具有近距离感，反之，则具有远距离感。6 种标准色的距离感按由近而远的顺序排列是：黄、橙、红、绿、青、紫㎡在园林中如实际的园林空间深度感染力不足时，为了加强深远的效果，作背景的树木宜选用灰绿色或灰蓝色树种，如毛白杨、银白杨、桂香柳、雪松等。在一些空间较小的环境边缘，可以采用冷色或倾向于冷色的植物，能增加空间的深远感。

（4）重量感

不同色相的重量感与色相间亮度的差异有关，亮度强的色相重量感小，亮度弱的色相重量感大。例如，红色、青色较黄色、橙色为厚重，白色的重量感较灰色轻，灰色又较黑色轻。同一色相中，明色调重量感轻，暗色调重量感重；饱和色相比明色调重，比暗色调轻。

色彩的重量感对园林建筑的用色影响很大，通常来说，建筑的基础部分宜用暗色调，显得稳重，建筑的基础栽植也宜多选用色彩浓重的种类。

（5）面积感

运动感强烈、亮度高、呈散射运动方向的色彩，在我们主观感觉上有扩大面积的错觉，运动感弱、亮度低、呈收缩运动方向的色彩，相对有缩小面积的错觉。橙色系的色相，主观感觉上面积较大，青色系的色相主观感觉面积较中，灰色系的色相面积感觉小。白色系色相的明色调主观感觉面积较大，黑色系色相的暗色调，感觉上面积较小；亮度强的色相，面积感觉较大，亮度弱的色相，面积感觉小；色相饱和度大的面积感觉大，色相饱和度小的面积感觉小；互为补色的两个饱和色相配在一起，双方的面积感更扩大；物体受光面积感觉较大，背光则面积感较小。

园林中水面的面积感觉比草地大，草地又比裸露的地面大，受光的水面和草地比不受光的面积感觉大，在面积较小的园林中水面多，白色色相的明色调成分多，也较容易产生扩大面积的感觉。在面积上冷色有收缩感，同等面积的色块，在视觉上冷色比暖色面积感觉要小，在园林设计中，要使冷色与暖色获得面积同大的感觉，就必须使冷色面积略大于暖色。

（6）兴奋感

色彩的兴奋感，与其色性的冷暖基本吻合。暖色是兴奋色，以红橙为最；冷色为沉静色，以青色为最。色彩的兴奋程度也与光度强弱有关，光度最高的白色，兴奋感最强，光度较高的黄、橙、红各色，均为兴奋色。光度最低的黑色，感觉最沉静，光度较低的青、紫各色，都是沉静色，稍偏黑的灰色，以及绿、紫色，光度适中，兴奋与沉静的感觉也适中，在这个意义上，灰色与绿紫色是中性的。

红、黄、橙色在人们心目中象征着热烈、欢快等，在园林设计中多用于一些庆典场面。如广场花坛及主要入口和门厅等环境，给人朝气蓬勃的欢快感。例如，九九昆明世博园的主入口内和迎宾大道上以红色为主构成的主体花柱，结合地面黄、红色组成的曲线图案，给游人以热烈的欢快感，让游客的观赏兴致顿时提高，也象征着欢迎来自远方宾客的含义。

3. 色彩的感情

色彩美主要是情感的表现，要领会色彩的美，主要应领会色彩表达的感情。但色彩的感情是一个复杂而又微妙的问题，它不具有绝对的固定不变的因素，往往因人、因地及情绪条件等的不同而有差异，同一色彩可以引起这样的感情，也可引起那样的感情，这对于园林的色彩艺术布局运用有一定的参考价值（见表4-4）。

表4-4 色彩的感情

色彩	产生联想的事物	色彩的感情
红色	火、太阳、辣椒、鲜血	给人以兴奋、热情、活力、喜庆及爆发、危险、恐怖之感
橙色	夕阳、橘子、柿子、秋叶	给人以温暖、明亮、华丽、高贵、庄严及焦躁、卑俗之感
黄色	黄金、阳光、稻谷、灯光	给人以温和、光明、希望、华贵、纯净及颓废、病态之感
绿色	树木、草地、军队	给人以希望、健康、成长、安全、和平之感
蓝色	天空、海洋	给人以秀丽、清新、理性、宁静、深远及悲伤、压抑之感
紫色	紫罗兰、葡萄、茄子	给人以高贵、典雅、浪漫、优雅及嫉妒、忧郁之感
褐色	土地、树皮、落叶	给人以严肃、浑厚、温暖及消沉之感
白色	冰雪、乳汁、新娘	给人以纯洁、神圣、清爽、雅致、轻盈及哀伤、不祥之感
灰色	雨天、水泥、老鼠	给人以平静、沉默、朴素、中庸及消极、憔悴之感
黑色	黑夜、墨汁、死亡	给人以肃穆、安静、沉稳、神秘及恐怖、忧伤之感

二、园林色彩构图

组成园林构图的各种要素的色彩表现，就是园林的色彩构图。园林色彩包括天然山石、土面、水面、天空的色彩，园林建筑构筑物的色彩，道路广场的色彩，植物的色彩。

1. 天然山石、土面、水面、天空的色彩

①一般作为背景处理，布置主景时，要注意与背景的色彩形成对比与调和；

②山石的色彩大多为暗色调，主景的色彩宜用明色调；

③天空的色彩，晴天以蓝色为主，多云的天气以灰白为主，阴雨天以灰黑色为主，早、晚的天空因有晚霞而色彩丰富，往往成为借景的因素；

④水面的色彩主要反映周围环境和水池底部的色彩。水岸边的植物、建筑的色彩可通过水中倒影反映出来。

2. 园林建筑构筑物的色彩

①与周围环境要协调。如水边建筑以淡雅的米黄、灰白、淡绿为主，绿树丛中以红、黄等形成对比的暖色调为主；

②要结合当地的气候条件设色6寒冷地带宜用暖色，温暖地带宜用冷色；

③建筑的色彩应能反映建筑的总体风格。如园林中的游憩建筑应该能激发人们或愉快活泼或安静雅致的思想情绪；

④建筑的色彩还要考虑当地的传统习惯。

3. 道路广场的色彩

道路广场的色彩不宜设计成明亮、刺目的明色调，应以温和的和暗淡的为主，显得沉静和稳重，如灰、青灰、黄褐、暗红、暗绿等；

4. 植物的色彩

①统一全局

园林设计中主要靠植物表现出的绿色来统一全局，辅以长期不变的以及一年多变的其他色彩。

②观赏植物对比色的应用

对比色主要是指补色的对比，因为补色对比从色相等方面差别很大，对比效果强烈、醒目，在园林设计中使用较多，如红与绿、黄与紫、橙与蓝等。对比色在园林设计中，适宜于广场、游园、主要入口和重大的节日场面，对比色在花卉组合中常见的有：黄色与蓝色的三色堇组成的花坛，橙色郁金香与蓝色的风信子组合图案等都能表现出很好的视觉效果。在由绿树群或开阔绿茵草坪组成的大面积的绿色空间内点缀红色叶小乔木或灌木，形成明快醒目、对比强烈的景观效果。红色树种有长年树叶呈红色的红叶李、红叶碧桃、红枫、红叶小檗、红继木等以及在特定时节红花怒放的花木，如春季的贴梗海棠、碧桃、垂丝海棠，夏季的花石榴、美人蕉及大丽花，秋季的木槿、一串红。

③观赏植物同类色的应用

同类色指的是色相差距不大比较接近的色彩。如红色与橙色、橙色与黄色、黄色与绿色等。同类色也包括同一色相内深浅程度不同的色彩。如深红与粉红、深绿与浅绿等。这种色彩组合在色相、明度、纯度上都比较接近，因此容易取得协调，在植物组合中，能体现其层次感和空间感，在心理上能产生柔和、宁静、高雅的感觉，如不同树种的叶色深浅不一，大叶黄杨为有光泽的绿色，小蜡为暗绿色，悬铃木为黄绿色，银白杨为银灰绿色，桧柏为深暗绿色，进行树群设计时，不同的绿色配置在一起，能形成宁静协调的效果。

④白色花卉的应用

在暗色调的花卉中混入白色花可使整体色调变得明快；对比强烈的花卉配合中加入白色花可以使对比趋于缓和；其他色彩的花卉中混种白色花卉时，色彩的冷暖感不会受到削弱。

⑤夜晚的植物配置

在夜晚使用率较高的花园中，植物应多用亮度强、明度较高的色彩。如白色、淡黄色、淡蓝色的花卉，如白玉兰、白丁香、玉簪、茉莉及瑞香等。

第五章 城市道路与广场绿地规划设计

第一节 城市道路绿地规划的基础知识

城市道路就是一个城市的骨架，密布整个城市形成了一个完整的道路网，而街道绿化的好坏对城市面貌起决定性的作用，同时，街道绿地对于调节街道附近地区的温度、湿度、减低风速都有良好的作用，在一定程度上可改善街道的小气候。因此，城市街道绿化是城市园林绿地系统的重要组成部分，它是城市文明的重要标志之一。街道绿地在城市中以线条的形式广泛分布于全城，连着城市当中分散的"点"和"面"的绿地，从而形成完善的城市园林绿地系统。

一、城市道路绿地的作用

1. 改善城市环境

（1）净化空气

街道绿化可以净化大气，减少城市空气中的烟尘，同时利用植物吸收二氧化碳和二氧化硫等有害气体，放出氧气。植物可不断地净化大气，所以绿化对于城市卫生防护起相当大的作用。

（2）降低噪声

由于现代工业、交通运输、航空事业的发展，噪声对环境的污染日益严重。但在街道绿化好，在建筑前能有一定宽度，合理配置绿化带，就可以大大减低噪声。因此，道路绿化是降低噪声的措施之一。

（3）降低辐射热

街道绿化可以调节道路附近的温度、湿度、减低风速等，在改善街道小气候方面产生良好的作用。显然绿化可以降低地表温度以及道路附近的气温。

（4）保护路面

夏季城市的裸露地表往往比气温高10 ℃以上，当气温达到31.2 ℃时，地表温度可达43 ℃，而绿地内的地表温度低15.8℃，因此街道绿化在改善小气候的同时，也对路面起到了保护作用。

2. 组织交通

在城市道路规划中，用分车绿化带分隔车行道；在人行道与车行道之间又有行道树及人行绿化带将行人与车辆分开；在交通岛、立体交叉、广场、停车场也需要进行一定方式的绿化。在街道上的这些不同的绿化都可以起到组织城市交通，保证行车速度和交通安全的作用。

3. 美化市容

街道绿化，美化街景，衬托或加强了城市建筑艺术面貌。优美的街道绿化，给人留下深刻印象。在街道上对重点建筑物，应当用绿化手段来突出、强调立体装饰作用，对不太美观的建筑物可以用绿化来掩饰遮挡，使街道市容整洁美观。

4. 休息散步

城市街道绿化有面积大小不同的街道绿地、城市广场绿地、公共建筑前的绿地，常设有园路、广场、坐凳、小型休息建筑等设施，街道绿化可为附近居民提供锻炼身体的地方。

5. 增收副产

我国自古以来街道两侧种植既有遮荫观赏又有副产品收益的树种例子很多。但在具体应用上应结合实际，因地制宜，讲究效果，这样才能达到预期目的。

6. 其他作用

道路交通绿地可以起到防灾、备战作用，比如平时可作为防护林带，防止火灾；战争时可以伪装掩护；地震时可以搭棚自救等。

城市道路绿地是一个沿着纵轴方向演进的风景序列。其两旁不仅有建筑立面的变化，还有树木、花卉、草坪等高低大小姿态变化。

二、城市道路的分类

1. 快速路

城市道路中设有中央分隔带，具有4条以上机动车道，全部或部分采用立体交叉与控制出入，供汽车以较高速度行驶的道路，又称汽车专用道。快速路的设计行车速度为60 ～ 80 km/h。

2. 主干路

连接城市各分区的干路，以交通功能为主。主干路上的机动车与非机动车分道行驶，两侧不宜设置公共建筑出入口，主干路的设计行车速度为 40 ～ 60 km/h。

3. 次干路

次干路是城市中数量最多的交通道路，承担主干路与各分区间的交通集散作用，兼有服务功能。次干路两侧可设置公共建筑物及停车场等。次干路的设计行车速度为 40 km/h。

4. 支路

支路是次干路与街坊路（小区路）的连接线，用服务功能为主。可满足公共交通线路行驶的要求，也可作自行车专用道。支路的设计行车速度为 30km/h。

三、城市道路绿地设计专用语

道路红线：在城市规划建设图纸上划分出的建筑用地与道路的界限，常以红色线条表示，故称红线。红线是街面或建筑范围的法定分界线，是线路划分的重要依据。

道路分级：道路分级的主要依据是道路的位置、作用及性质，是决定道路宽度和线型设计的主要指标。

道路总宽度：道路总宽度也称路幅宽度，即规划建筑线（红线）之间的宽度，是道路用地范围，包括横断面各组成部分用地的总称。

分车带：车行道上纵向分割行驶车辆的设施，用以限定行车速度和车辆分行。常高出路面 10 cm 以上。也在路面上用漆涂纵向白色标线，分隔行驶车辆,故又称分车线。

交通岛：为便于管理交通而设于路面上的一种岛状设施。交通岛分为：中心岛又称转盘，设置在交叉路口中心引导行车；方向岛，路口上分隔进出行车方向；安全岛，宽阔街道中供行人避车的地方。

人行道绿化带：人行绿化带又称步行道绿化带，是车行道与人行道之间的绿化带。行道树是其绿化带最简单的形式。

防护绿带：将人行道与建筑分隔开的绿带。防护绿带应有 5 m 以上的宽度，可种乔木、灌木、绿篱等，主要是为减少噪声、烟尘、日晒，以及减少有害气体对环境的危害，路幅宽度较小的道路不设防护绿带。

基础绿带：基础绿带是紧靠建筑的一条较窄的绿带，它的宽度为 2 ～ 5 m，可栽植绿篱、花灌木，分隔行人与建筑，减少外界对建筑内部的干扰，美化建筑环境。

道路绿地率：道路红线范围内各种绿带宽度之和占总宽度的比例9 按国家有关规定，该比例不应少于 20%。

园林景观路：城市在重点路段强调沿线绿化景观，体现城市风貌，有绿化特色的道路。

装饰绿地：以装点美化街景观赏为主，通常不对行人开放的绿地。

开放式绿地：绿地中铺设游步道，设置建筑、小品、园桌、园椅等设施，供行人休息，娱乐、观赏的绿地。

通透式配置：绿地上配置的树木，在距相邻机动车道路面高度 0.9～3.0 m 的范围内，且树冠不遮挡驾驶员视线（即在安全视距以外）的配置方式。

四、城市道路绿地类型

道路绿地是城市道路环境中的重要景观元素。城市道路的绿化以"线"的形式可以使城市绿地连成一个整体，可以美化街景，衬托和改善城市面貌。因此，城市道路绿地的形式直接关系到人对城市的印象。现代化大城市有很多不同性质的道路绿地的形式。

根据不同的种植目的，城市道路绿地可分为景观种植与功能种植两大类。

1. 景观栽植

从城市道路绿地的景观角度出发，从树种、树形、种植方式等方面来研究绿化与道路、建筑协调的整体艺术效果，使绿地成为道路环境中有机组成的一部分。景观栽植主要是从绿地的景观角度来考虑栽植形式，可以分为 6 种。

（1）密林式

沿路两侧浓茂的树林，主要以乔木为主，配以灌木、常绿树种和地被植物组成。具有明确的方向性。一般在城乡交界、环绕城市或结合河湖处布置。沿路植树要有相当宽度，一般在 50 m 以上。一般多采用自然种植，则比较适应地形现状，可结合丘陵、河湖布置，容易适应周围地形环境特点。若采取成行成排整齐种植，反映出整齐的美感。密林式的形式夏季具有浓荫，具有良好生态效果。

（2）自然式

主要模拟自然景色，比较自由，主要根据地形与环境来决定。用于造园、路边休息场所、街心花园、路边公园的建设。沿街在一定宽度内布置自然树丛，树丛由不同植物种类组成，具有高低、浓密和各种形体的变化，形成生动活泼的气氛。这种形式能很好地与附近景物配合，增强了街道的空间变化，但夏季遮荫效果不如城市街道上整齐式的行道树。在路口、拐弯处的一定距离内要减少或不种乔灌木以免妨碍司机视线。自然式的优点是容易与周围环境相结合，街道景观效果好，但夏季遮荫效果一般。

（3）花园式

沿着路外侧布置成大小不同的绿化空间，有广场，有绿荫，并设置必要的园林设施和园林建筑小品，供行人和附近居民逗留小憩及散步，花园式的优点是布局灵活、用地经济，具有一定的使用和绿化功能性。

（4）田园式

道路两侧的园林植物都在视线下，大都种植草坪，空间全面敞开。在郊区直接与农田、菜园相连；在城市边缘也可与苗圃、果园相邻。这种形式开朗、自然，富有乡土气息。视线较好。主要适用于城市公路、铁路、高速干道的绿化。田园式的优点是视线开阔，交通流畅。

（5）滨河式

道路的一面临水，空间开阔，环境优美，是市民游憩的良好场所。在水面不十分宽阔，对岸又无风景时，滨河绿地可布置较为简单，树木种植成行成排，沿水边就应设置较宽的绿地，布置游人步道、草坪、花坛、座椅等园林设施和园林小品。游人步道应尽量靠近水边，或设置小型广场和临水平台，满足了人们的亲水感和观景要求。

（6）简易式

沿道路两侧各种植一行乔木或灌木，形成"一条路，两行树"的形式，它是街道绿地中最简单、最原始的形式。

总之，由于交通绿地的绿化布局取决于道路所处的环境、道路的断面形式和道路绿地的宽度，因此在现代城市中进行交通绿地绿化布局时，要根据实际情况，因地制宜地进行绿化布置，才能取得好的效果。

2. 功能栽植

功能栽植是通过绿化栽植来达到某种功能上的效果。一般这种绿化方式都有明确的目的。但道路绿地功能并非唯一的要求，不管采取何种形式都应考虑到视觉上的效果，并成为街景艺术的组成部分。

（1）遮蔽式栽植

遮蔽式栽植是考虑需要把视线的某一个方向加以遮挡。如街道某处景观不好，需要遮挡，城市的挡土墙或其他结构物影响道路景观时，即可种一些树木或攀缘植物加以遮挡。

（2）遮荫式栽植

我国许多地区夏天比较炎热，道路上的温度很高，所以对遮荫树的种植十分重视。遮荫树的树种对改善道路环境，特别是夏天降温效果非常显著。但要注意栽植物与建筑的距离，以免影响建筑的通风及采光条件。

（3）装饰栽植

装饰栽植可以用在建筑用地周围或道路绿化带、分隔带两侧作局部的间隔与装饰之用。它的功能是作为界限的标志，防止行人穿过、遮挡视线、调节通风、防尘等。

（4）地被栽植

使用地被栽植覆盖地表，如草坪等，可以防尘、防土、防止雨水对地表的冲刷，在北方还有防冻作用。

（5）其他

如防噪声栽植，防风、防雨栽植等。

五、城市道路绿地规划设计原则

为了更好地发挥城市道路绿化在改善城市生态环境及丰富城市景观中的作用，避免绿化影响交通安全，保证绿化植物的生存环境，提高了道路绿化规划设计水平，创造优美的绿地景观，城市道路绿地设计应做到9点。

1. 道路绿地要求与城市道路的性质、功能相适应

由于城市的布局、地形、气候、地质、水文及交通方式因素的影响产生不同的城市道路网 s 城市道路网是由不同性质与功能的道路所组成的。由于交通的目的不同，不同环境的景观元素要求也不同，道路建筑、绿地、小品以及道路自身的设计都必须符合不同道路的特点。例如，商业街、步行街的绿化，若树木过于高大，种植过密，就不能反映商业街繁华的特点。

2. 道路绿地应起到应有的生态功能

①城市绿地可以滞尘和净化空气

②城市道路绿地具有遮蔽降温功能

③城市绿地植物可以增加空气湿度

④城市道路绿地吸收有害气体，并能杀灭细菌，制造氧气

⑤城市道路绿地可以隔音和降低噪声

⑥城市道路绿地可以起遮挡作用，也可以起缓冲作用

⑦城市道路绿地还可以防风、防雪、防火具有防护作用

3. 道路绿地设计要符合行人的行为

规律与视觉特性㎡城市道路空间是供人们生活、工作、休息、互相交往与货物流通的通道。考虑到我国城市道路交通的构成情况和未来发展前景，在交通中有各种不同出行目的的人群，为了研究道路空间的视觉环境，要对道路交通空间活动人群，根据其不同的出行目的与乘坐不同交通工具所产生的行为规律与视觉特性加以研究，并从中找出规律，作为城市道路景观和城市环境设计的一个依据。

4. 城市道路

绿地要与街景环境相协调，形成优美的城市景观㎡城市道路绿地设计应符合美学的要求。通常道路两侧的栽植应看成是建筑物前的种植，应该让人们从各方面都能看到有良好的景观效果。同一道路的绿化应有统一的景观风格，不同路段的绿化形式可有所变化；同一路段上的各类绿带，在植物配置上应相互配合并应协调空间层次、树形组合、色彩搭配和季相变化的关系；园林景观路应与街景结合，配植观赏价值较高、有地方特色的树种；主干路应体现城市道路绿化景观的风貌；毗邻山河湖海的道路，其绿化应结合自然环境，突出自然景观特色。所以道路绿地不仅与街景中其他元素相互协调，而且与地形、沿街建筑等紧密结合，使道路在满足交通功能的前提下，与城市自然景色、历史文物以及现代建筑有机地联系在一起，把街道与环境作为一个景观整体加以考虑并做出统一的设计，创造有特色、有时代感的城市环境景观。

5. 城市道路绿地要选择适宜的园林植物，形成优美、稳定的城市景观

城市道路绿地中的各种园林植物，因树形、色彩、香味、季相等不同，在景观、功能上也有不同的效果。根据道路景观及功能上的要求，要实现二季有花、四季常青，就需要植物的选择与多植物栽植方式的协调，达到植物的多样统一。道路绿地直接关系着街景的四季景观变化，要使春、夏、秋及冬四季具有丰富季相变化。应根据人们

的视觉特性及观赏要求处理好绿化时植物种植的间距、树木的品种、树冠的形状以及树木成年后的高度和修剪等问题。城市道路的级别不同，绿地也应有所区别，主干道的绿地标准应较高，在形式上也较丰富。

6. 城市道路绿地统一规划合理安排道路附属设施

为了交通安全，城市道路绿地中的植物不应遮挡司机在一定距离内的视线，不应遮蔽交通管理标志，要留出公共车站的必要范围，以及保证乔木有相当高的分枝点，不致刮碰到大轿车的车顶。在可能的情况下利用绿篱或灌木遮挡汽车光的眩光。要对沿街各种建筑对绿地的个别要求和全街的统一要求进行协调。其中对重要公共建筑和居住建筑应起保护和美化作用。城市道路绿地对于人行过街天桥、地下通道口、电杆、路灯、各类通风口、垃圾出入口、路椅等地上设施和地下管线、地下构筑物及地下沟道等都应相互配合。在城市道路绿地的设计时都应该充分考虑其布局位置。

7. 道路绿化远近期结合

城市道路绿化从建设开始到形成较好的绿化效果需要十几年的时间。因此，道路绿化规划设计要有发展的观点和长远的眼光，对所用各种植物材料在生长过程中的形态特征、大小、颜色等的现状和可能发生的变化，要有充分的了解，当各种植物长到鼎盛时期，达到最佳效果。城市道路绿地中的绿化树木不应经常更换、移植。道路绿化建设初期一般所用植物体量相对较小，应该注意整体效果使其尽快发挥功能作用。这就要求道路绿化远近期结合，互不影响。

8. 树种选择要适地适树

适地适树是指绿化要根据本地区气候、种植地的小气候和地下环境条件选择适于在该地生长的树木，以利于树木的正常生长发育，抗御自然灾害，保持较稳定的绿化成果。自然界中乔木、灌木、地被等多种植物通常相伴生长在一起形成植物群落景观。道路绿化为了使有限的绿地发挥更大的生态效益，通常进行人工植物群落配置，形成了丰富的植物景观层次。

9. 注意保护道路绿地内的古树名木

古树是指树龄在百年以上的大树。名木是指具有特别历史价值或纪念意义的树木及稀有、珍贵的树种。道路沿线的古树名木可依据《城市绿化条例》和地方法规或规定进行保留和保护。

六、城市道路绿化形式

城市道路绿化的设计必须根据道路类型、性质功能与地理、建筑环境进行规划和安排布局。设计前，先要做周密的调查，搞清与掌握道路的等级、性质、功能、周围环境，以及投资能力、苗木来源、施工、养护技术水平等进行综合研究，将总体与局部结合起来，做出切实、经济、最佳的设计方案。城市道路绿化断面布置形式是规划设计所用的主要模式，根据绿带与车行道的关系常用的有一板二带式、二板三带式、三板四带式、四板五带式、六板七带式以及其他形式。

1. 一板二带式

即一条车行道，二条绿化带。这是道路绿化中最常用的一种绿化形式。中间是车行道，在车行道两侧为绿化带。两侧的绿化带中以种植高大的行道树为主。这种形式的优点是：简单整齐，用地经济，管理方便。但是当车行道过宽时行道树的遮荫效果较差，景观相对单调。对车行道没有进行分隔；上下行车辆、机动车辆和非机动车辆混合行驶时，不利于组织交通。在车流量不大的街道，特别是小城镇的街道绿化多采用此种形式。

2. 二板三带式

二板三带式即分成单向行驶的两条车行道和两条绿化带，中间用一条分车绿带将上行车和下行车道进行分隔，构成二板三带式绿带。这种形式适于较宽道路，绿带数量较大，生态效益较显著，多用于高速公路和入城道路。此种形式对城市面貌有较好的景观效果，同时车辆分为上、下行使，减少了行车事故发生。但由于各种不同车辆，同时混合行驶，还不能完全解决互相干扰的矛盾。

3. 三板四带式

利用两条分车绿带把车行道分成 3 块，中间为机动车道，两侧为非机动车道，连同车行道两侧的绿化带共为 4 条绿带，故称三板四带式。此种形式占地面积大，却是城市道路绿化较理想的形式，其绿化量大，夏季庇荫效果好，组织交通方便，安全可靠，解决了各种车辆混合行驶互相干扰的矛盾，尤其在非机动车辆多的情况下更为适宜。此种形式有减弱城市噪声和防尘的作用。这种形式多用于机动车、非机动车、人流量较大的城市干道。

4. 四板五带式

利用中央分车绿化带把车行道分为上行和下行车道，然后把上、下行车道又分为上、下行快车道和上、下行慢车道 3 条分车绿带将车道分为 4 条，而加上车行两侧的绿化带共有 5 条绿带，使机动车与非机动车均形成上行、下行各行其道，互不干扰，保证了行车速度和交通安全。但用地面积较大，如果城市交通较繁忙，而用地又比较紧张时，则可用栏杆分隔，以便节约用地。

5. 六板七带式

此种形式是用中央分车带分隔上行车道和下行车道，然后再把上下行车道分别用绿化带分隔为快车道和慢车道，又在上、下行慢车道旁用绿化带分隔出公共汽车专用道，连同车行道两侧的绿化带共为 7 条绿带。此种形式占地面积最大，但城市景观效果最佳。对改善城市环境有明显作用，同时对组织城市交通最为理想，此种形式只适合于新建城市用地条件允许情况下的道路绿化。

6. 其他形式

按城市道路所处位置、环境条件特点，因地制宜的设置绿带，如山坡道、水道的绿化设计。

城市道路绿化的形式多，究竟以哪种形式为好，必须从实际出发，因地制宜，不能片面追求形式，讲求气派。尤其在街道狭窄，交通量大，只允许在街道的一侧种植行道树时，就应当以行人的庇荫和树木生长对日照条件的要求来考虑，不可以片面追求整齐对称。

第二节　城市道路绿化带的设计

城市道路绿地中带状绿地的设计包括行道树的设计、人行绿化带的设计、中央分车带的设计、花园式林荫道的设计、滨河绿地的设计等。

一、人行道绿化树种植设计

从车行道边缘到建筑红线之间的绿化地段统称为"人行道绿化带"。这是城市道路绿化中重要组成部分，它的主要功能是夏季为行人遮荫、美化街景、装饰建筑立面。

为了保证车辆道上行驶时车中人的视线不被绿地遮挡，能够看到人行道上的行人和建筑，在人行道绿化带上种植树木必须保持一定的株距，来保持树木生长需要的营养面积。

人行道绿化带上种植乔木和灌木的行数由绿带宽度决定，并可分为规则式、自然式、混合式的形式。地形条件确定采用哪种设计形式，应以乔灌木的搭配、前后层次的处理，以及单株丛植交替种植的韵律变化为基本原则。近年来人行绿化带设计多用自然式布置手法，种植乔木、灌木、花卉和草坪，外貌自然活泼而新颖。但是，为了使道路绿化整齐统一，而又自由活泼，人行道绿化带的设计以规则与自然的形式最为理想。其中的乔木、灌木、花卉、草坪应根据绿化带面积大小、街道环境的变化而进行合理配置。

另外，城市中心的繁华街道，只是让行人活动或休息，不准车辆通过的街道称步行街。其绿化美化主要是为了增加街景，提高行人的兴趣。由于人流量较大，绿化可采用盆栽或做成各种形状的花台、花箱等进行配置，并与街道上的雕塑、喷泉、水池、山石、园林小品等相协调。

二、行道树的设计

行道树是有规律地在道路两侧种植用以遮荫的乔木而形成的绿带，是街道绿化最基本的组成部分，是最普遍的形式。行道树的主要功能是夏季为行人遮荫。行道树的种植要有利于街景，与建筑协调，不应妨碍街道通风以及建筑物内的通风采光。

1. 行道树种植方式

（1）树带式

在人行道与车行道之间留出一条不小于 1.5 m 宽的种植带。在树带中铺设草坪或种植地被植物，不能有裸露的土壤。在适当的距离和位置留出™定量的铺装通道，便于行人往来。在道路交叉口视距三角形范围内，行道树绿带应该采用通透式配置。

（2）树池式

在交通量比较大、行人多而人行道又狭窄的道路上采用树池的方式。树池式行道树绿带优点是非常利于行人行走；缺点是营养面积小，不利于松土、施肥等管理工作，不利于树木生长。

树池边缘与人行道路面的关系：树池边缘高出入行道路面 8 ～ 10 cm 时，可减少行人践踏，保持土壤疏松，但不利于排水，容易造成积水；树池的边缘和人行道路面相平时，便于行人行走，但树池内土壤易被行人踏实，影响水分渗透及空气流通，不利于树木生长。为解决此问题可以在树池内放入大鹅卵石，这样既保持地面平整、卫生，又可防止行人践踏造成土壤板结，景观效果也好；树池的边缘低于人行道路面时，常在上面加盖池算子，与路面相平，加大通行能力，行人在上面走不会踏实土壤，并且利于雨水渗入，但不利于清扫和管理。

常用的树池形状有正方形（边长不小于 1.5 m）、圆形（直径不小于 1.5 m）和长方形（短边不小于 1.5 m，以 1.5 m×2.2 m 为宜）。

2. 行道树的选择

行道树选择要求是比较严格的，在选择时应注意下列 6 点：

①能适应当地生长环境，生长迅速而健壮的乡土树种、

②适应城市的各种环境因子，对病虫害抵抗力强，苗木来源容易，成活率高的树种。

③树龄要长，树干通直，树枝端正，形体优美，树冠大荫浓，花朵艳丽，芳香郁馥，春季发芽早，秋季落叶迟且落叶期短而整齐，叶色富于季相变化的树种为佳。

④花果无毒无臭味，无刺，无飞絮，落果少。

⑤耐强度修剪，愈合能力强。目前，因为我国的架空线路还不能全部转入地下，对行道树需要修剪，以避免树木枝叶与线路的矛盾。一般树冠修剪呈"Y'字形。

⑥深根性，不选择带刺或浅根树种，在经常遭受台风袭击地区更应注意，也不宜选用萌蘖力强和根系特别发达隆起的树种，避免刺伤行人或破坏路面、

我国地域辽阔，地形和气候变化大，植被类型分布也各不相同，因此各地应选择在本地区生长最多和最好的树种来做行道树。行道树绿带种植，常采用乔木、灌木、地被植物相结合的形式，形成连续的绿带。在行人较多的路段，行道树绿带不能连续种植，行道树之间宜采用透气性路面铺装便于行人通过。树池上可覆盖池算子，增加透水性。行道树绿带的宽度应根据道路的性质、类别及对绿地的功能要求以及立地条件等综合考虑而决定，一般不小于 1.5m。

3. 行道树株距与定干高度

行道树种植的株行距直接影响到其绿化功能效果。正确确定行道树的株行距，有利于充分发挥行道树的作用，合理使用苗木和管理。一般来说，株行距要根据树冠大小来决定。但实际情况比较复杂，影响的因素较多，如苗木规格、生长速度、交通和市容的需要等。我国各大城市行道树株距规格略有不同，现趋向于大规格苗木与大距

离株距，有 4，5，6，8 m 等，最小距离为 4 m，行道树树干中心至路缘石外侧最小距离宜为 0.75 m。

行道树定干高度应根据其功能要求、交通状况、道路性质、宽度及行道树与车行道的距离、树木分枝角度等确定。当苗木出圃时，苗木胸径在 12 ～ 15 cm 为宜，其分枝角度较大的，干高不得小于 3.5 分枝角度较小者，也不能小于 2 m，否则会影响交通。行道树的定干高度视具体条件而定，以成年树冠郁闭度效果好为佳。

4. 行道树的种植与工程管线的关系

随着城市现代化的加快，空架线路和地下管网等各种管线不断增多，大多沿道路走向而布设各种管线，因而与城市道路绿化产生许多矛盾。一方面要在城市总体规划中考虑；另一方面又要在详细规划中合理安排，需要在种植设计时合理安排，为树木生长创造有利条件。

5. 街道宽度、走向与绿化的关系

（1）街道宽度与绿化的关系

决定街道绿化的种植方式有多种因素，但其街道的宽度往往起决定作用。人行道的宽度一般不得小于 1.5 m，而人行道在 2.5 m 以下时很难种植乔灌木，只能考虑进行垂直绿化，但随着街道、人行道的加宽，绿化宽度也逐渐地增加，种植方式也可随之丰富而有多种形式出现。

为了发挥绿化对于改善城市小气候的作用，通常在可能的条件下绿带占道路总宽度的 20% 为宜，但对于不同的地区的要求也可有所差异。例如，在旧城区要求一定绿化宽度就比较困难，而在新建区就有条件实现起绿化功能，街道绿化可根据城市规划的要求有较宽的绿带，形式也丰富多彩，既达到其功能要求又美化了城市面貌。

（2）街道走向与绿化的关系

行道树的要求不仅对行人起到遮荫的效果，而且对临街建筑防止太阳强烈的西晒也很重要。全年内要求遮荫时期的长短，与城市所在地区的纬度和气候条件有关。我国城市街道一般 4—9 月份，约半年时间要求有良好的遮荫效果，低讳度的城市则更长些。一天内自 8：00—10：30，13：30—16：30 是防止东、西日晒的主要时间。因此，我国中、北部地区东西走向的街道，在人行道的南侧种植行道树，遮荫效果良好，而南北走向的城市街道两侧都应种行道树。在南部地区，不管是东西走向、还是南北走向的街道都应该两侧种植行道树。

一般来说，街道绿化多采取整齐、对称的布置形式，街道的走向如何只是绿地布置时参考的因素之一。得根据街道所处的环境条件，因地制宜地合理规划，做到适地适树。

三、分车绿带的设计

在分车带上进行绿化，称为分车绿带，也称为隔离绿带。在车行道上设立分车带的目的是组织交通，分隔上下行车辆。或将人流与车流分开，机动车与非机动车分开，保证不同速度的车辆安全行驶。分车带上经常设有各种干线及公共汽车停车站，人行横道有时也横跨其上。分车带的宽度，依车行道的性质和街道总宽度而定，没有固定的尺寸，因而种植设计就因绿带的宽度不同而有不同的要求了。高速公路分车带的宽度可达 5～20m 也要 4～5 m，但最低宽度也不能小于 1.5 m。

1. 分车带绿化带的种植形式

分车带位于车行道的中间，在城市道路上位置明显而重要，因此，在设计时要注意街景的艺术效果，可以造成封闭的感觉，也可以创造半开敞、开敞的感觉。这些都可以用不同的种植设计方式来达到。分车绿带的种植形式有 3 种，即分为封闭式种植、半开敞式种植和开敞式种植。无论采用哪一种种植方式，其目的都是最合理地处理好建筑、交通和绿化之间的关系，使街景统一而富于变化。但要注意变化不可太多，过多的变化，会使人感到零乱，缺乏统容易分散司机的注意力，从交通安全和街景考虑，在多数情况下，分车带以不遮挡视线的开敞式种植较合适。

（1）封闭式种植

造成以植物封闭道路的境界，在分车带上种植单行或双行的丛生灌木或慢生常绿树。在较宽的隔离带上，种植高低不同的乔木、灌木和绿篱，可以形成多种树冠搭配的绿色隔离带，层次和韵律较为丰富。

（2）开敞式种植

在分车带上种植草皮、低矮灌木或较大株行距的大乔木，以达开朗、通透境界，大乔木的树干应该裸露。

（3）半开敞式种植

介于封闭式种植和开敞式种植之间，可根据车行道的宽度、所处环境等因素，利用植物形成局部封闭的半开敞空间。

2. 分车绿带的植物配置形式

（1）乔木为主，配以草坪

高大的乔木成行种在分车带上，不但遮荫效果好，而且还会使人感到雄伟壮观，但较单调。

（2）乔木和常绿灌木

为了增加分车带上景观的变化及季相的变化，可在乔木之间再配些常绿灌木，使行人具有节奏和韵律感。

（2）常绿乔木配以花卉、灌木、绿篱、草坪

为达到道路分车带形成四季常青、又有季相变化的效果，可以选用造型优美的常绿树和具有叶、花色变化的灌木。

（4）草坪和花卉

使用此种形式较多，但是冬季无景观可欣赏。

3. 分车绿化带种植设计应注意的问题

①分车绿带位于车行道之间

当行人横穿道路时必然横穿分车绿带，这些地段的绿化设计应该根据人行横道线

在分车绿带上的不同位置，采取相对应的处理办法。既要满足行人横穿马路的需要，也不致影响分车绿带的整齐美观景观效果。

②分车绿带一侧

靠近快车道，公共交通车辆的中途停靠站，都在近快车道的分车绿带上设停车站，其长度约30%在靠近停车的一边需要留有 1～2 m 宽的铺装地面，应种植高大的落叶乔木，以利夏季遮荫。

在这个范围内一般不能种灌木、花卉，可种植高大的阔叶乔木，以便在夏季为等车乘客提供树荫。当分车绿带宽 5 m 以上时，在不影响乘客候车的情况下，可以适当配置草坪、花卉、绿篱和灌木，并设低栏杆进行保护。

四、花园林荫道的绿化设计

花园林荫道是指那些与道路平行而且具有一定宽度的带状绿地，也可称为街头休息绿地。林荫道利用植物与车行道隔开，在其内部不同地段开辟出各种不同休息场地，并有简单园林设施，供行人和附近居民做短时间休息之用。目前在城镇绿地不足的情况下，可起到小游园的作用。它扩大了群众活动场地，同时增加城市绿地面积，对改善城市小气候，组织交通，丰富城市街景作用大。

1. 林荫道布置的类型

（1）设在街道中间的林荫道

即两边为上下行的车行道，中间有一定的绿化带，这种类型较为常见。例如，北京正义路林荫道等。主要供行人和附近居民作短时间休息用。此种类型使街道具有一定的对称感，并且具有分车带的作用。但多在交通量不大的情况之下采用，出入口不宜过多。

（2）设在街道一侧的林荫道

由于林荫道设在街道的一侧，减少了行人与车行道的交叉，在交通比较频繁的街道上多采用此种类型，往往也因地形而定。人们到达林荫路不需要横穿车行道有利于人身安全，但这种形式使街道缺乏对称感。

（3）设在街道两侧的林荫道

设在街道两侧的林荫道与人行道相连，可使附近居民不用穿过车行道就可达林荫道内，既安静又使用方便。这种形式对减少尘埃和降低城市噪声有明显的作用，并且城市街道具有强烈的对称感。但此类林荫道占地过大，目前使用较少。

2. 林荫道设计的原则

（1）设置游步道

一般 8 m 宽的林荫道内，设一条游步道；8 m 以上时，设两条以上为宜。

（2）设置绿色屏障

车行道与林荫道绿带之间要有浓密的绿篱和高大的乔木组成的绿色屏障相隔，立面上布置成外高内低的形式较好。

（3）设置建筑小品

在林荫道内可设小型儿童游乐场、休息座椅、花坛、喷泉、宣传栏及花架等建筑小品。

（4）留有方便的出入口

林荫道可在每隔 75-100 m 处分段设计出入口，人流量大的人行道，在正对大型建筑处应留出入口。出入口布置应具有特色，对建筑起绿化装饰作用，以增加绿化效果。但是分段也不能过多，否则会影响内部的安静。

（5）植物具有丰富的季相变化

在城市林荫道总面积中，道路广场不宜超过 25%，乔木占 30% ～ 40%，灌木占 20% ～ 25%，草本占 10%-20%，花卉占 2% ～ 5%。由于南方天气炎热需要更多的浓荫效果，故常绿树占地面积可大些，北方则落叶树占地面积大些。

（6）规划设计布置形式

林荫道宽度较大（8 m 以上）的林荫道，应采用自然式布置；宽度较小（8 m 以下）的，则以规则式布置。

五、滨河路绿地种植设计

滨河路是城市中临河流、湖沼、海岸等水体的道路。滨河绿地是指城市道路的一侧沿江河湖海狭长的绿化用地。其一面临水，空间开阔，环境优美，是城镇居民游憩的地方，可吸引大量游人，特别是夏天的傍晚，是人们散步与纳凉胜地。

滨河绿地的设计要根据其功能、地形、河岸线的变化而定。如岸线平直、码头规则对称，则可设计为规则对称的形式布局，如岸线自然曲折变化的长形地带可设计为自然式。不论滨河绿地采用哪一种设计形式都要注意开阔的水面给予人们的开朗、幽静、亲切感觉。一般滨河路的一侧是城市建筑，在建筑和水体之间设置道路绿带。如果水面不十分宽阔且水深，对岸又无风景时，滨河绿地可以布置得简单些，除车行道和人行道之外，临水一侧可修筑游步道，树木种植成行；驳岸风景点较多，沿水边就应设置较宽的绿带，布置游步道、草地、花坛、座椅、报刊厅等园林设施。游步道应尽量接近水边，以满足人们近水边的散步需要。在可以观看风景的地方设计成平台，以供人们观景用。在水位较稳定的地方，驳岸应尽可能砌筑得低矮一些，满足人们的亲水感，同时可为居民提供戏水的场所。

滨河绿地上除采用一般行道绿地树种外，还可在临水边种植耐水湿的树木，如垂柳。除了种植乔木以外，还可种一些灌木和花卉，以丰富景观。树木种植要注意林冠线的变化，不宜种得过于闭塞，要留出景观透视线。如果沿水岸等距离密植同一树种，则显得林冠线单调闭塞，既遮挡了城市景色，又妨碍观赏水景及借景。在低湿的河岸上或一定时期水位可能上涨的水边，应特别注意选择能适应水湿和耐盐碱的树种。滨河道路的绿化，除有遮阴功能外，有时还具有防浪、固堤、护坡的作用，斜坡上要种植草皮，以免水土流失，也可起到美化作用。

滨河林荫路的游步道与车行道之间应尽可能用绿化带隔离开来，以保证游人安静休息和安全。国外滨河道路的绿化一般布置得比较开阔，种草坪为主，乔木种得比较稀疏，在开阔的草地上点缀修剪成形的常绿树和花灌木。有的还把砌筑的驳岸与花池结合起来，种植花卉和灌木，形式多样。

在具有天然彼岸的地方，可以采用自然式布置游步道和树木，凡为铺装的地面都应种植灌木或栽草皮。如在草坪上配置或点缀山石，更显得自然。这样的地方应设计为滨河公园。

对于人的视觉来讲，垂直面上的变化远比平面上的变化更能引起人们的关注与兴趣。滨水景观空间开阔，岸边结合实际情况设计成起伏的地形变化，和自然界的水体相得益彰。

第三节 街道小游园设计

小游园是距城市居民区最近、利用率最高的园林绿地，与居民日常生活关系最为密切，是居民经常使用的一种城市绿地形式。街道小游园是在城市供居民短时间休息的小块绿地，又称街道休息绿地、街道花园。

一、街道小游园的布局形式

街道小游园绿地大多地势平坦，或略有高低起伏，可以设计为规则对称式、规则不对称式、自然式及混合式等多种形式。

1. 规则对称式

有明显的中轴线，有规律几何图形，如正方形、长方形、三角形、多边形、圆形、椭圆形等。小游园的绿化、建筑小品、园路等园林组成要素对称或均衡地布置在中轴线两侧 s 此种形式外观比较整齐，能与街道、建筑物取得协调，给人以华丽、简洁、整齐、明快的感觉。缺点就是不够灵活。特别是在面积不大的情况下还会产生一览无余的效果。但也易受一定的约束，为了发挥绿化对于改善城市小气候的影响，一般在可能的条件下绿带占总宽度的 20% 为宜，也须根据不同地区的要求有所差异。

2. 规则不对称式

此种形式整齐而不对称，绿化、建筑小品、道路、水体等组成要素都按一定的几何图案进行布置。但无明显的中轴线。可以根据其功能组成不同的空间，它给人的感觉是虽不对称，但有均衡的效果。

3. 自然式

绿地无明显的轴线，道路为曲线，植物以自然式种植为主，易于结合地形，创造自然环境，活泼舒适，如果点缀一些山石、雕塑或者建筑小品，更显得美观。这种布置形式布局灵活，给人以自由活泼感，富有自然气息。

4. 混合式

混合式小游园是规则式与自然式相结合的一种形式，运用比较灵活，内容布置丰富。占地面积较大，能组织成几个空间，联系过渡给自然。

二、街道小游园的设计内容

街道小游园的设计内容包括确定出入口、组织空间、设计园路、场地选择、安放设施、种植设计等。这些都要按照艺术原理及功能要求考虑。以休息为主的街道小游园，其道路场地可占总面积的30%-40%，以活动为主的街道小游园道路场地可占60%-70%，但这个比例会因游园大小及环境不同而有所变化。

三、景观设计

当交通量较大，路旁空间较小时，可用常绿乔木为背景，在前面培植花灌木，放置置石、设立雕塑或广告栏等小品，形成一个封闭式的装饰绿地，但要注意与周围环境相协调。位于道路转弯处的绿地，应注意视线通透，不妨碍司机和行人的视线，选择低矮的灌木或地被植物。

当局部面积较宽广，两边除人行道之外还有一定土地空间时，可栽植大乔木，布置适当设施，供人们休息、散步或运动。当绿化地段较长，呈带状分布时，可将游园分成几段，设多个出入口，以便游人可出入。

四、植物配置

街道小游园设计以绿化为主，可用树丛、树群、花坛、草坪等布置成乔灌木、常绿或落叶树相互搭配的形式，追求层次的丰富性、四季景观的变化性。为了遮挡不佳的建筑立面和节约用地，其外围可使用藤本植物绿化，充分地发挥垂直绿化的作用。

第四节　城市广场绿地规划设计

城市广场是城市道路交通体系中具有多种功能的空间，是人们政治、文化活动的中心，常常是公共建筑集中的地方。城市广场是居民社会活动的中心，可组织集会，交通集散，也是人流、车流的交通枢纽或居民休息和组织商业贸易交流的场所。广场周围一般均布置城市中的重要建筑和设施，所以能集中体现城市的艺术面貌。城市广场往往成为表现城市景观特征的标志。

现代城市广场是现代城市开放空间体系中最具公共性、最具艺术性、最具活力、最能体现都市文化与文明的开放空间。现代城市广场的概念，是指由建筑物、街道和绿地等围合或限定形成的永久性城市公共活动空间，是城市空间环境中最具公共性、最富有艺术魅力、最能反映城市文化特征的开放空间。

一、城市广场的分类

城市广场的类型多种多样，城市广场的分类通常是从广场使用功能、尺度关系、空间形态、材料构成、平面组合等方面的不同属性和特征来分类。其中最为常见的是根据广场的功能性质来进行分类。

1. 以广场的使用功能分类

①集会性广场：政治广场、市政广场、宗教广场等

②纪念性广场：纪念广场、陵园、陵墓广场等

③交通性广场：站前广场、交通广场等

④商业性广场：集市、商贸广场、购物广场等

⑤文化娱乐休闲广场：音乐广场、街心广场等

⑥儿童游乐广场

⑦附属广场：商场前广场、大型公共建筑前广场等

2. 以广场的尺度关系分类

①特大广场：特指国家性政治广场、市政广场等。这类广场用于国务活动、检阅、集会、联欢等大型活动

②中小广场：街区休闲活动、庭院式广场等

3. 以广场的空间形态分类

①开放性广场：露天市场、体育场等

②封闭性广场：室内商场、体育场等

4. 以广场的材料构成分类

①以硬质材料为主的广场：以混凝土或其他硬质材料做广场主要铺装材料，可以分素色和彩色两种

②以绿化材料为主的广场：公园广场、绿化性广场等

③以水质材料为主的广场：大面积水体造型等

二、城市广场规划设计的基本原则

1. 系统性原则

现代城市广场是城市开放空间体系中的重要节点。现代城市广场通常是分布于城市入口处、城市的核心区、街道空间序列中或城市轴线的交点处、城市与自然环境的结合部、城市不同功能区域的过渡地带、居住区内部等。现代城市广场在城市中的区位及其功能、性质、规模、类型等应有所区别，各自有所侧重、每个广场都应根据周围环境特征、城市现状和总体规划的要求，确定其主要性质、规模等，只有这样才能使多个城市广场相互配合，共同形成城市开发空间体系当中的有机组成部分。所以城

市广场必须在城市空间环境体系中进行系统分布的整体把握，做到统一规划、合理布局。

2. 完整性原则

城市广场的完整性包括功能的完整和环境的完整两个方面。

功能的完整性是指一个广场应有其相对明确的功能。做到了主次分明、重点突出。从发展趋势看，大多数城市广场都在从过去单纯为政治、宗教服务向为市民服务转化。

环境完整性主要考虑广场环境的历史背景、文化内涵、时空连续性、完整的局部、周边建筑的环境协调和变化等问题。城市建设中，不同时期留下的物质印痕是不可避免的，特别是在改造更新历史上留下来的广场时，更要妥善处理好新老建筑的主从关系和时空连续等问题，以取得统一的环境完整效果。

3. 尺度适配性原则

尺度适配原则是根据广场不同使用功能和主题要求，确定广场合适的规模和尺度。

4. 生态环保性原则

生态性原则就是要遵循生态规律，包括生态进化规律、生态平衡规律、生态优化规律、生态经济规律，充分体现"因地制宜，合理布局"的设计思想，具体到城市广场来说，现代城市广场设计应从城市生态环境的整体出发，一方面应运用园林设计的方法，通过融合、嵌入、缩微、美化和象征等手段，在点、线、面不同层次的空间领域中，引入自然，再现自然，并与当地特定的生态条件和城市园林景观特点相适应，使人们在有限的空间体会自然带来的自由、清新和愉悦。另外一方面，城市广场设计应特别强调其小环境生态的合理性，既要有充足的阳光，又要有足够的绿化，冬暖夏凉，为城市居民的各种空间活动创造宜人的生态环境。

5. 多样性原则

现代城市广场应有一定的主要功能，也可以具有多样化的空间表现形式和特点。由于广场是人们享受城市文明的舞台，它既反映作为群体的人的需要，同时，广场的服务设施和建筑功能也应多样化，使纪念性、艺术性、娱乐性和休闲性兼而有之。

6. 步行化原则

步行化是现代城市广场的主要特征之一，也是城市广场的共享性和良好环境形成的必要前提。城市广场空间和各因素的组织应该保证人的自由活动行为，如保证广场活动与周边建筑及城市设施使用连续性。

7. 文化性原则

城市广场作为城市开放空间通常是城市历史风貌、文化内涵集中体现的场所，是城市主要景观。其规划设计既要尊重历史传统，又得有所创新、有所发展，这就是继承和创新有机结合的文化性原则。

8. 特色性原则

个性特征是通过人的生理和心理感受到的与其他广场不同的内在本质和外部特征。现代城市广场应通过特定的使用功能、场地条件、人文主题及城市景观艺术处理来塑造特色。广场的特色性不是设计师的凭空创造，更不能套用现成特色广场模式，而是对广场的功能、地形、环境、人文、城市区位等方面做全面的分析，不断地总结、加工、提炼，才能创造出与市民生活紧密结合并且独具地方、时代特色的现代城市广场。

三、现代城市广场绿地规划设计原则

①城市广场绿地布局

应与城市广场总体布局统使绿地成为广场的有机组成部分，从而更好地发挥其主要功能，符合其主要性质要求。

②城市广场绿地的功能

与广场内各功能区相一致，更好地配合和加强本区功能的实现，如在入口区植物配置应强调绿地的景观效果，休闲区规划则以落叶乔木为主，冬季的阳光、夏季的遮阳都是人们户外活动所需要的。

③城市广场绿地规划

应具有清晰的空间层次，独立形成或配合广场周边的建筑、地形等形成优美的广场空间体系。

④城市广场绿地规划设计

应考虑到与该城市绿化总体风格协调一致，结合城市地理区位特征，植物种类选择应符合植物的生长规律，突出地方特色，季相景观丰富。

⑤结合城市广场环境和广场的竖向特点，来提高环境质量和改善小气候为目的，协调好风向、交通、人流等诸多因素。

⑥对城市广场上的原有大树应加强保护

保留原有大树有利于广场景观的形成，有利于体现对自然、历史的尊重，有利于对广场场所感的接受和利用。

四、各类城市广场绿地规划设计要求

1. 集会广场

位置：城市中心地区。

作用：用于政治、文化集会、庆典、游行、检阅、礼仪及民间传统节目等活动；反映城市面貌。

设计要点：

能够与周围的建筑布局协调，无论平面立面、透视感觉、空间组织、色彩和形体对比等，都应起到相互烘托、相互辉映的作用，反映出中心广场非常壮丽的景观。

面积较大，规则式为主，强调其严整、雄伟。常用的广场几何图形为矩形、正方形、梯形、圆形或其他几何形状的组合，一般长宽比例以 4∶3，3∶2，2∶1。广场的宽度与四周建筑物的高度也应有适当的比例，一般以 3～6 倍为宜。

广场中心绿地设计一般不布置种植，多为水泥铺设，但是在节日又不举行集会时可布置草皮绿地、盆景群等，以创造节日新鲜、繁荣的欢乐气氛。

广场主体建筑或景观要设在轴线上，构景要素与主体建筑相协调，构成衬托主体建筑。基本布局是周边以种植乔木或设绿篱为主，场面上种植草坪，设花坛，起交通岛作用，还可设置喷泉、雕像，或山水小品、建筑小品及座椅等。

不设娱乐性、商业性建筑。

2. 纪念广场

位置：远离商业区、娱乐区，多位于宁静和谐的环境中。纪念广场主要是为纪念某些名人或某些事件的广场。它包括纪念广场、陵园广场、陵墓广场等。

纪念广场是在广场中心或侧面设置突出的纪念雕塑、纪念碑、纪念塔、纪念物及纪念性建筑等作为标志物。主题标志物应满足纪念气氛及象征的要求。广场本身应成为纪念性雕塑或纪念碑底座的有机组成部分。广场在设计中应体现良好的观赏效果，以供人们瞻仰。

其绿地设计，首先要按广场的纪念意义、主题、形成相应、统一的形式、风格，如庄严、简洁、娴静、柔和等。其次，城市广场绿化要选择具有代表性的树木和花木，如广场面积不大，选择与纪念性相协调的树种，加以点缀、映衬。塑像侧宜布置浓重、苍翠的树种，创造严肃或庄重的气氛；纪念堂侧面铺设草坪，创造娴静、开朗境界。

例如，北京天安门南部，以毛主席纪念堂为主体和中心，以松、柳为主配树种，周围以矮柏为绿篱，构成了多功能、政治性和纪念性的绿地。

3. 交通广场

交通广场可分为站前交通广场和环岛广场。

（1）站前交通广场

位置：城市内外交通会合处，往往是一个城市或城市区域的轴线端点。

作用：起交通转换作用，如火车站、长途汽车站前广场。

设计要点：

①广场的规模与转换交通量有关，应有足够的行车面积、停车面积和行人场地。

②一般以铺装为主，少量设置喷泉、雕像、座椅等。如吉林四平站前广场。

③广场的空间形态应尽量与周围环境相协调，体现了城市风貌，使过往旅客使用舒适，印象深刻。

（2）环岛交通广场

位置：城市干道交叉口处，通常处于城市的轴线上。

作用：有效地组织城市交通，包括人流、车流等。它是连接交通的枢纽，起交通集散、联系过渡及停车的作用。

设计要点：

①环岛交通广场地处道路交汇处，尤其是4条以上的道路交汇处，是圆形居多，3条道路交汇处常常呈三角形（顶端抹角）。

②一般以绿化为主，构成完整的色彩鲜明的绿化体系，有利于交通组织和司乘人

员的动态观赏，同时广场上往往还设有城市标志性建筑或小品（喷泉、雕塑等）。例如，西安市的钟楼、法国巴黎的凯旋门都是环岛交通广场上的重要标志性建筑。

③有绿岛、周边式与地段式3种绿地形式。

绿岛是交通广场中心的安全岛。可种植乔木、灌木并和绿篱相结合。面积较大的绿岛可设地下通道，圈以栏杆。面积较小的绿岛可布置大花坛，种植一年生或多年生花卉，组成各种图案，或种植草皮，以花卉点缀。冬季长的北方城市，可设置雕像与绿化相结合，形成景观。

周边式绿化是在广场周围地进行绿化，种植草皮、矮花木，或围以绿篱，如大连中山广场地段式绿化是将广场上除行车路线外的地段全部绿化，种植除高大乔木外，花草、灌木皆可。形式活泼，不拘一格。特大交通广场常与街心小游园相结合。

4. 文化娱乐休闲广场

任何传统和现代广场均有文化娱乐休闲的性质和功能，特别在现代社会中，文化娱乐休闲广场已经成为广大民众最喜爱的重要户外活动场所，它可有效地缓解市民工作之余的精神压力和疲劳。在现代城市中应当有计划地修建大量的文化娱乐休闲广场，以满足广大民众的需求s但在城市中的布置要合理。

位置：人口较密集的地方，以方便市民使用为目的，如街道旁、市中心区、商业区、居住区内。

作用：供市民休息、娱乐、游玩及交流等活动的重要场所。

设计要点：

设计形式往往灵活多变，空间多样自由，但一般与环境结合很紧密。

广场的规模可大可小，没有具体的规定，主要根据环境现状来考虑。

广场以让人轻松愉快为目的，因此广场尺度、空间形态、环境小品、绿化、休闲设施等都应符合人的行为规律和人体尺度要求。

单纯的休闲广场可以没有明确的中心主题，但每个小空间环境的主题、功能是明确的，每个小空间的联系是方便的。

为了强调城市深厚的文化积淀和悠久历史的广场，应有明确的主题。

选择植物材料时，可在满足植物生态要求的前提下，根据景观需要去进行，文化娱乐休闲广。

场的植物配置是比较灵活自由的，最可以发挥植物材料的美妙之处。

5. 商业广场

商业广场包括集市广场、购物广场。它用于集散贸易、购物等活动，或者在商业中心区以室内外结合的方式把室内商场与露天、半露天市场结合在一起。商业广场大多采用步行街的布置方式，使商业活动区集中，既便于购物，又可避免人流与车流的交叉，同时可供人们休息、散步、饮食等，商业性广场宜布置各个城市中具有特色的广场设施。

6）宗教广场

位置：布置在教堂、寺庙及祠堂等宗教建筑群前。作用：用于宗教庆典、集会、游行、休息的广场。

设计要点：

宗教广场设计应该以满足宗教活动为主，尤其要表现出宗教文化氛围和宗教建筑美。通常有明显的轴线关系，景物也是对称（或对应）布局。

广场上的小品以与宗教相关的饰物为主。

五、场绿地种植设计的基本形式

1. 排列式种植

这种形式主要用于广场周围或者长条形地带，用在隔离或遮挡，或作背景。单行的绿化栽植，可采用乔木、灌木，灌木丛、花卉相搭配，但株距要适当，以保证有充分的阳光和营养面积。乔木下面的灌木和花卉要选择耐荫品种，并排种植的各种乔木在色彩和体型上注意协调。形成良好的水平景观和立体景观效果。

2. 集团式种植

它是为避免成排种植的单调感，把几种树组成一个树丛，有规律地排列在一定地段上。这种形式有丰富浑厚的效果，排列整齐时远看很壮观，近看又很细腻。可用花卉和灌木组成树丛，也可用不同的灌木或（和）乔木组成树丛。植物的高低和色彩都富于变化。

3. 自然式种植

它是在一个地段内，植物的种植不受株行距限制，而是疏落有序地布置，生动而活泼，可以巧妙地解决与地下管线的矛盾。自然式树丛的布置要结合环境，管理工作上的要求较高。

4. 花坛式（图案式）种植

花坛式就是图案式种植，是一种规则式种植形式，装饰性极强，材料可选择花卉、地被植物，也可以用修剪整齐的低矮小灌木构成各种图案。它是城市广场最常用的种植形式之一。花坛的位置及平面轮廓要与广场的平面布局相协调。花坛的面积占城市广场面积的比例一般最大不超过广场 1/3，最小也不小于 1/15。当然华丽的花坛面积要小些；简洁的花坛面积要大些。

六、城市广场树种选择的原则

城市广场树种的选择要适应当地土壤与环境条件，掌握选树种的原则和要求，因地制宜，才能达到合理、最佳的绿化效果。在进行城市广场树种选择时，一般须遵循9条原则（标准）。

1. 冠大荫浓

枝叶茂密且冠大、枝叶密的树种夏季可以形成大片绿荫，能降低温度、避免行人暴晒。

2. 耐瘠薄土壤

城市中土壤瘠薄，植物多种植在道旁、路肩、场边。受各种管线或建筑物基础的限制和影响，植物体营养面积很少，补充有限。因此，选择耐瘠薄土壤习性的树种尤为重要。

3. 深根性

营养面积小，而根系生长很强，向较深的土层伸展仍能根深叶茂。根深不会因践踏造成表面根系破坏而影响正常生长，特别是在些沿海城市更应选择深根性的树种能抵御暴风袭击而不受损害。

4. 耐修剪

广场树木的枝条要求有一定高度的分枝点。侧枝不能刮、碰过往车辆，并具有整齐美观的形象。所以要修剪侧枝，树种需有很强的萌芽能力，修剪以后能很快萌发出新枝。

5. 抗病虫害与污染

要选择能抗病虫害，且易控制其发展和有特效药防治的树种，选择抗污染、消化污染物的树种，有利于改善环境。

6. 落果少或无飞毛、飞絮

经常落果或有飞毛、飞絮的树种，容易污染行人的衣物，尤其是污染空气环境，并容易引起呼吸道疾病。

7. 发芽早、落叶晚且落叶期整齐

选择发芽早、落叶晚的阔叶树种。落叶期整齐的树种有利于保持城市的环境卫生。

8. 耐旱、耐寒

选择耐旱、耐寒的树种可以保证树木的正常生长发育，减少管理上财力、人力及物力的经济投入。北方大陆性气候，冬季严寒，春季干旱，致使一些树种不能正常越冬，必须予以适当防寒保护。

9. 寿命长

树种的寿命长短影响到城市的绿化效果和管理工作。

第五节 公路绿化和立交桥绿地设计

一、高速公路绿化

随着城市交通现代化的进程，高速公路与城市快速道路迅速发展。高速公路是指有中央分隔带、4 个以上车道立体交叉、完备的安全防备设施，并专供快速行驶的现代公路。这种主要供汽车高速行驶的道路，路面质量较高，行车速度较快，一般速度为 80 ～ 120 km/h，甚至超过 200 ㎡ 通过绿化缓解因高速公路施工、运营给沿线地区带来的各种影响，保护自然环境，改善生活环境，并通过绿化提高交通安全和舒适性。

高速公路的横断面内包括行车道、中央分隔带、路肩、边坡和路旁安全地带等。

1. 中央分隔带

分车带宽度一般为 1 ～ 5m 其主要目的是按不同的行驶方向分隔车道，防止车灯眩光干扰，减轻司机因行车引起的精神疲劳感。绿化可以消除司机的视觉疲劳及旅客心理的单调感，还有引导视线改善景观的作用。

中央分隔带一般以常绿灌木的规则式整形设计为主，也可结合落叶花灌木形成自由式设计，地表一般采用草皮覆盖。在植物的选择上，应重点考虑耐尾气污染、耐粗放管理、生长旺盛、慢生、耐修剪的灌木。如蜀桧、龙柏、大叶黄杨、小叶女贞、蔷薇、丰花月季、紫叶李、连翘等。

2. 边坡绿化

边坡是高速公路中对路面起支持保护作用的有一定坡度的区域。除应达到景观美化的效果外，还应与工程防护相结合，起到固坡、防止水土流失的作用。在选用护坡植物材料时，应考虑固土性能好、成活率高、生长快、耐干旱、耐瘠薄、耐粗放管理等要求的植物如连翘、蔷薇、迎春、毛白蜡、柽柳、紫穗槐等。对于较矮的土质边坡，可结合路基种植低矮的花灌木、地被植物；较高的土质边坡可以用二维网种植草坪，对于石质边坡可用攀缘植物进行垂直绿化。

3. 公路两侧绿化带

公路两侧绿化带是指道路两侧边沟以外的绿化带。公路两侧绿化带是为了防止噪声和废，污染，还可以防风固沙、涵养水源，吸收灰尘、废气，减少污染、改善小环境气候以及增加绿化覆盖率。路侧绿化带宽度不定，一般在 10 ～ 30 m。通常种植花灌木，在树木光影不影响行车的情况下，可采用乔灌结合的形式，形成良好的景观。

4. 服务区绿化

高速公路上，一般每 50 km 左右设一个服务管理区，供司机及乘客做短暂停留，满足车辆维修、加油、司机、乘客就餐、购物、休息的需要。应结合具体的建筑及设施进行合理的绿化设计。面积较大的服务管理区可设置观赏的草坪、喷泉，以开敞草坪或喷泉为主景，点缀宿根花卉或地被植物，形成组合图案景观，达到很好的绿化美化效果。在停车场地可种植冠大荫浓的乔木，场地内可以用花坛和树池划分出不同的车辆停放区。

二、公路绿化

城市郊区的道路为公路，它联系着城镇、乡村以及通向风景区的道路。一般距市区、居民区较远，所以公路绿化的主要目的在于美化道路，防风、防尘，并满足行人车辆的遮阳要求，再加上其地下管线设施简单，人为影响因素较少。因此在进行绿化设计时往往有它特殊的地方。在绿化设计时应考虑以下 5 个方面的问题：

①根据公路的等级、路面宽度决定公路绿化带的宽度和树种的种植位置。

a. 当路面宽度在 9 m 或 9 m 以下时，公路绿化植树不宜栽在路肩上，要栽到边沟以外，距边缘 0.5 m 处为宜。

b. 当路面宽度在 9 m 以上时，公路绿化可种植在路肩之上，距边沟内径不小于 0.5 m 为宜，以免树木生长时，其地下部分破坏路基。

②公路交叉口应留出足够的视距，在遇到桥梁、涵洞等构筑物时 5 m 以内不能种植任何植物。

③公路线较长时，应在 2～3 km 处变换另一树种，避免绿化单调，增加景色变化，保证行车安全，避免病虫害蔓延。

④选择公路绿化树种时要注意乔灌木相结合，常绿与落叶相结合，速生树与慢生树相结合，还应多采用地方乡土树种。

⑤公路绿化应尽可能结合生产或与农田防护林带相结合，节省用地。

三、交叉路口和交通岛绿地设计

1. 交叉路口的绿地设计

为了保证行车安全，在进入道路的交叉口时，必须在道路转角空出一定的距离，使司机在这段距离内能看到对面开来的车辆，并且有充分的刹车和停车的时间以避免撞车。这段从发现对方立即刹车到刚好停车所经过的距离，称为"安全视距"。

根据两相交道路的两个最短视距，可在交叉口平面图上绘出一个三角形，称为视距三角形。在此三角形内不能有建筑物、构筑物、树木等遮挡司机视线的地面物。在布置植物时其高度不得超过 0.65-0.70km/h 或者在三角视距内不要布置任何植物 3 视距的大小，随着道路允许的行驶速度、道路的坡度、路面质量情况而定，通常采用 30～50 m 的安全视距为宜。

2. 交通岛的绿地设计

交通岛也可称中心岛（俗称转盘）。设置交通岛主要是组织交通，交通岛多呈圆形，少数为方形或长方形一般直径在 40～60m。通常以嵌花草坪、花坛为主，或以低矮的常绿灌木组成简单的图案花坛，切忌采用常绿小乔木或大灌木以免影响视线。但在居住区内则不同，人流、车流比较小，以步行为主的交通岛就可以小游园的形式布置，增加群众的活动场地。

3. 立体交叉绿地设计

立体交叉是指两条道路在不同平面上的交叉。高速公路与城市各级道路交叉时、快速路与快速路交叉时都必须采用立体交叉。大城市的主干路与主干路交叉时视具体情况也可设置立体交叉。立体交叉使两条道路上的车流可各自保持其原来车速前进，而互不干扰，是保证行车快速、安全的措施。但是占地大、造价高，应选择占地少的立交形式。

（1）立体交叉口设计

①立体交叉口的数量

立体交叉口的数量应根据道路的等级和交通的需求设置。其体形和色彩等都应与周围环境协调，力求简洁大方，经济实用。在一条路上有多处立体交叉时，其形式应力求统一＃其结构形式应简单、占地面积少。

②立体交叉的形式

立体交叉分为分离式和互通式两类。分离式立体交叉分隧道式和跨路桥式。其上、下道路之间没有匝道连通。这种立体交叉不增占土地，构造简单。互通式立体交叉设置有连通上、下道路的匝道。互通式立体交叉形式繁多，按照交通流线的交叉情况和道路互通的完善程度分为完全互通式、不完全互通式和环形立体交叉式 3 种。

互通式立体交叉一般由主、次干道和匝道组成，为了保证车辆安全和保持规定的转弯半径，匝道和主次干道之间形成若干块空地，这些空地通常称为绿岛。作为绿化用地和停车场用。

（2）绿地设计

立体交叉绿地包括绿岛和立体交叉外围绿地。

①设计原则

绿化设计首先要服从立体交叉的交通功能，使行车视线通畅，突出绿地内交通标志，诱导行车，保证行车安全。在顺行交叉处要留出一定的视距，不种乔木，只种植低于驾驶员视线的灌木、绿篱、草坪或花卉；在弯道外侧种植成行的乔木，突出匝道附近动态曲线的优美，诱导驾驶员的行车方向，使行车有一种舒适安全之感。

绿化设计应服从于整个道路的总体规划要求，要与整个道路的绿地相协调，,要根据各立体交叉的特点进行，形成地区的标志，并能起到道路分界的作用。

绿化设计要与道路绿化及立体交叉口周围的建筑、广场等绿化相结合，形成一个整体。

绿地设计应以植物为主，发挥植物的生态效益。为适应驾驶员和乘客的瞬间观景的视觉要求，宜采用大色块的造景设计，布置力求简洁明快，与立交桥宏伟气魄相协调。

②绿化布局形式

绿化布局要形式多样，各具特色，常见的有规则式、自然式、混合式、图案式、抽象式等。规则式：构图严整和平稳。

自然式：构图随意接近自然，但因车速高、景观效果不明显，容易造成散乱的感觉。

混合式：自然式与规则式结合。

图案式：图案简洁，平面或立体轮廓要与空间尺度协调。

（3）植物配置

植物配置上同时考虑其功能性和景观性，尽量做到常绿树与落叶树结合、速生树与慢生树结合，乔、灌、草相结合。注意选用季相不同的植物，利用叶、花、果、枝条形成色彩对比强烈、层次丰富的景观，提高生态效益及景观效益。

（4）绿岛设计

　　绿岛是立体交叉中分隔出来的面积较大的绿地，多设计成开阔的草坪，草坪上点缀一些有较高观赏价值的孤植树、树丛、花灌木等形成疏朗开阔的绿化效果。或用宿根花卉、地被植物、低矮的常绿灌木等组成图案。最好不种植大量乔木或者高篱，容易给人一种压抑感。桥下宜种植耐阴地被植物，墙面进行垂直绿化。如果绿岛面积很大，在不影响交通安全的前提下，可以设计成街旁游园，设置园路、座椅等园林小品和休憩设施，或纪念性建筑等，供人们作短时间休憩。

　　（5）树种选择

　　树种选择首先应以乡土树种为主，选择些具有耐旱、耐寒、耐瘠薄特性的树种。能适应立体交叉绿地的粗放管理。还应重视立体交叉形成的一些阴影部分的处理，耐阴植物和草皮都不可以正常生长的地方应改为硬质铺装。

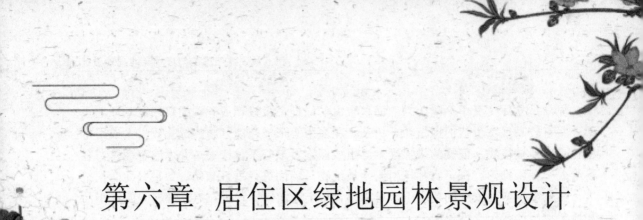

第六章 居住区绿地园林景观设计

第一节 居住区规划基础知识

　　居住区绿地是城市绿地系统的重要组成部分。对其科学、合理的规划，不但能为居民创造良好的休息环境，还能为居民提供丰富多彩的活动场地。随着现代社会对绿色、环保、生态的进一步探索和研究，在住区选址、建房、买房的过程中，城市居民越来越渴盼绿地，人人都希望居住景观环境中充满绿色，无论是草坪花坛，还是乔木灌木，都有利于改善居住环境的质量，让人身心愉悦。为此，居住区绿地规划设计成为我国当前乃至以后很长时期内最热门的园林课题，很有必要对它的基础知识、基本设计原则和方法做一些归纳和分析。

　　我国《城市居住区规划设计规范》的总则中明文规定：居住区的规划设计应符合城市总体规划的要求；要统一规划、合理布局、因地制宜、综合开发、配套建设；要综合考虑所在城市的性质、气候、民族、习俗和传统风貌等地方特点和规划用地周围的环境条件，充分利用规划用地内有保留价值的河湖水域、地形地物、植被、道路、建筑物与构筑物等，并将其纳入规划；适应居民的活动规律，综合考虑日照、采光、通风、防灾、配建设施及管理要求，创建方便、舒适、安全、优美的居住生活环境；为老年人、残疾人的生活和社会活动提供条件；为工业化生产、机械化施工和建筑群体、空间环境多样化创造条件；为商品化经营、社会化管理及分期实施创造条件；充分地考虑社会、经济和环境3个方面的综合效益。

　　居住区规划是指对居住区的布局结构、住宅组群布置、道路交通、公共服务设施、各种绿地和游憩场地、市政公用设施及市政管网等各个系统进行的综合安排。它是城市详细规划的组成部分。研究居住区的绿地规划，首先应该对居住区规划的基本知识有所了解。

一、居住区组成和规模

在我国，居住区按居住户数或人口规模可以分为居住区、小区、组团3级。

城市居住区，泛指不同居住人口规模的居住生活聚居地和特指被城市干道或自然分界线所围合，并与居住人口规模（30 000～50 000人）相对应，配建有一整套较完善的、能满足该区居民物质与文化生活所需的公共服务设施的居住生活聚居地。居住小区是人口规模在7 000～15 000人的居住聚居地，通常被居住区级道路或自然分界线所围合，配建的公共服务设施能满足该区域居民基本的物质和文化生活所需要。居住组团，居住人口规模在1 000～3 000人，配建有居民所需的基层公共服务设施。一个居住小区通常由几个组团组成，相互间被小区道路所分隔。

我国目前的城市用地，尤其是大中城市和发达地区，大规模的居住区用地逐渐或已经被开发，地产界竞争激烈，房地产商想方设法取得很多占地规模不大的商品房开发用地，因此，组团式的中小型"楼盘"不断地推出，这种小"社区""楼盘"的热销也是当代住宅产业的一大特点。

二、居住区住宅组群的布置形式

居住区建筑一般由住宅建筑和公共建筑两大类构成，是居住环境中重要的物质实体。其中，住宅在整个居住区建筑中占据主要比例，我们研究居住区建筑的布置形式，首先应对住宅的分类和基本功能特征有所了解。

1. 住宅

居住区中常见住宅一般可分为低层住宅（1～3层），多层住宅（4～6层），中高层住宅（7～9层）和高层住宅（9层以上）。

（1）低层住宅

低层住宅又可分为独立式、并列式及联列式3种。目前城市用地中，以开发多层、小高层、高层住宅为主；低层住宅常以别墅形式出现，例如有一块独立的住宅基地，则属于比较高档的低层住宅。

（2）多层住宅

多层住宅以公共楼梯解决垂直交通，有时还需设置公共走道解决水平交通。它的用地较低层住宅省，是中小城市和经济相对不发达地区中大量建造的住宅类型。从平面类型看，有梯间式、走廊式和点式之区分。

（3）高层住宅

高层住宅垂直交通以电梯为主、楼梯为辅，因其住户较多，而占地相对减少，符合当今节约土地的国策。尤其在北京、上海、广州、深圳等特大城市土地昂贵，发展高层乃至超高层已是迫不得已的事情。在规划设计中，高层住宅往往占据城市中优良的地段，组团内部，地下层作为停车场，一层作架空处理，扩大地面绿化或活动场地，临街底层常扩大为裙房，作商业用途从平面类型看，有组合单元式、走廊式及独立单元式（又称"点式""塔式"）之区别。

2. 住宅组群设计基本原则

居住区建筑布置形式包括住宅布置形式和公建布置形式两个方面，核心问题是对住宅组群的研究。

住宅组群设计主要遵循以下基本原则：

①住宅建筑组群设计，既要有规律性，又要有恰当合理的变化。

②住宅建筑的布局，空间的组织，要有疏有密，布局合理，层次分明而清晰。

③住宅单体的组合，组群的布置，要有利于居住区整体景观的创造与组织。

④合理的住宅间距和日照卫生标准。

3. 住宅组群的布置形式

居住区住宅布置，除满足日照、通风、噪声等功能要求外，还要创造居住区丰富的空间形态，体现地域、生态、景观、文化等的多样性特征。

住宅组群布置形式包括"平面组合形式"及"空间组合形式"两个层面。

（1）住宅组群的平面组合形式

组团是居住区的物质构成细胞，也是居住区整体结构中的较小单位。

①组团内

组团内的住宅组群平面组合的基本形式有 3 种，即行列式、周边式与点群式、此外，还有混合式。

行列式：按一定朝向和间距成排布置，每户都能获得良好的日照和通风条件；整齐的住宅排列在平面构图上有强烈的规律性；行列式布局有平行排列、交错排列、不等长拼接、成组变向排列、扇形排列等几种方式。

周边式：住宅沿街坊或院落周边布置，形成封闭或半封闭的内院空间；院内安静、安全、方便；较适合于寒冷多风沙地区。周边式布局有单周边、双周边等布局形式。

点群式：点式住宅包括低层独院式住宅、多层点式及高层塔式住宅、点式住宅自成组团或围绕住宅组团中心建筑、公共绿地、水面有规律地或自由布置，可丰富居住区建筑群体空间，形成居住区的个性特征。点式住宅布局灵活，能充分利用地形。点群式布局有规则式与自由式两种方式。

混合式：它是以上 3 种基本形态的结合或变形的组合形式。可体现居住空间的灵活性和组群变化。

混合式组群布局在近几年新楼盘中应用非常广泛，体现出多种居住文化理念。

②组团间

若干住宅组团配以相应的公共服务设施和场所即构成居住小区。常见的小区内住宅组团间的平面组合方式有统一法、向心法和对比法等。

统一法：是指小区采用相同形式与尺度的建筑组合空间重复设置，或者以一定的母题形式或符号形成主旋律，从而达到整体空间的协调统一。不管是重复组合还是母题延续，都有利于形成居住外环境空间的秩序统一和节奏感的产生。统一法组合，容易在组团之间布置公共绿地、公共服务设施，并从整体上组织空间层次。通常，一个小区可用一种或两种基本形式重复设置，贯穿母题；有时依地形、环境以及其他因素作适当的变异，体现一定的灵活性和多样性。

向心法：是将小区的各组团和公共建筑围绕着某个中心（如小区公园、文化娱乐中心）来布局，使它们之间相互吸引而产生向心、内聚及相互间的连续，从而达到空间的协调统尤其在大、中城市和经济发达地区地价昂贵，又要保证比较高的容积率，常采用周边布置高层住宅，中央设置小区集中绿地，布置成包括泳池、水景、广场在内的中心花园景观，此类规划方法即是典型的向心组合。

对比法：在居住空间组织中，任何一个组群的空间形态，常可采用与其他空间进行对比予以强化的设计手法。在居住环境规划中，除考虑自身尺度比例外，还要考虑各空间之间的相互对比与变化。它包括空间的大小、方向、色彩、形态、虚实、围合程度、气氛等对比。如点式住宅组团和板式住宅组团的对比，庭院围合式与里弄、街坊式等空间组织方式的对比，容易产生个性鲜明的组团组合特色。

（2）住宅组群的空间组合形式

在居住区的规划实践中，常用住宅组群空间的组合方式有成组成团式和街坊式两种。

①成组成团式

这种组合方式是由一定规模和数量的住宅成组成团的组织，构成居住区（小区）的基本组合单元。其规模受建筑层数、公建配置方式、地形条件等因素的影响，一般为 1 000-2 000 人，较大的可达 3 000 人左右。住宅组团可以由同一类型、同一层数或不同类型、不同层数的住宅组合而成。

②街坊式

成街是指住宅沿街组成带形的空间；成坊是指住宅以街坊作为一个整体的布置方式，有时在组合群设计中，因不同条件限制，可以既成街，又成坊。

三、居住区道路系统

居住区道路是居住区外环境的重要组成要素。居住区道路交通的规划设计，不仅与居民日常生活息息相关，同时也在很大程度上对整个居住区景观环境质量产生重要的影响。因此，创造宜人的居住区环境，尤其要注重对居住区交通的规划设计。

1. 居住区道路的功能

居住区道路具有一般道路交通的普通功能，即不仅满足居民各种出行的需要，如上下班、上放学、购物等，使他们能顺利地到达各自的目的地，同时，也能满足必须进入区内的外来交通，如走亲访友、送货上门、运出垃圾等要求。

2. 居住区道路交通的设计原则

居住区道路是居住区外环境构成的骨架和基础，为居住区景观提供了观赏的路线。若居住区道路系统设计得合理有序，则能创造居住区丰富、生动的空间环境和多变的空间序列，为渲染区内自然的居住氛围提供有利的条件。同时，路型的设计方式和对尺度的控制也影响着居住区环境观赏的角度及景点营造。

居住区道路交通，一方面关系着居民日常的出行行为，另一方面又与居民的邻里交往、休闲散步、游憩娱乐等有密切的关联。因此，在居住区道路交通的规划设计中，要综合考虑社会、心理、环境等多方面的因素。在设计中应遵循以下原则：

①使居住区内外交通联系"顺而不穿，通而不畅"，既要避免往返迂回，又要便于消防车、救护车、商店货车和垃圾车等的通行。

②根据地形、气候、用地规模和用地四周的环境条件以及居民的出行方式，选择经济、便捷的道路系统和道路断面形式。

③有利于居住区内各类用地的划分和有机联系，以及建筑物布置的多样化。

3. 居住区道路分级

根据我国近年来居住区建设的实践经验，将居住区道路划分为 4 级布置，可取得较好的效果。这 4 级道路分别为居住区道路、小区路、组团路以及宅间小路。

（1）居住区道路

居住区道路是居住区内外交通联系的重要道路，适于消防车、救护车、私人小车、搬家车、工程维修车等的通行。其红线宽度一般为 20～30 m，山地域市不小于 15 m。车行道的宽度应根据居住区的大小和人车流量区别对待，一般不小于 9 m，如通行公共交通时，应增至 10～14 m 在车行道的两旁，各设 2～3 m 宽的人行道。

（2）小区路

小区路划分并联系着住宅组团，同时还联系着小区的公共建筑和中心绿地。为防止城市交通穿越小区内部，小区路不宜横平竖直，一通到头。通常可采用的形式有：环通式、尽端式、半环式、内环式、风车式和混合式等，既能避免外来车辆的随意穿行，又能使街景发生变化，丰富空间环境。小区路是居民出行的必经之路，也是他们交往活动的生活空间，因此要搞好绿化、铺地、小品等设计，创造出好的环境。小区路建筑控制线之间的宽度，采暖区不宜小于 14 m，不是采暖区不宜小于 10 m。车行道的宽度应允许两辆机动车对开，宽度为 5～8 m。

（3）组团路

组团路是居住区住宅群内的主要道路，即从小区路分支出来通往住宅组团内部的道路，主要通行自行车、行人、轻机动车等，还需要满足消防车通行需求，以便防火急救。在组团入口处应设置有明显的标志便于识别，同时给来人一个明确的提示：进入组团将不再是公共的空间。同时，组团路可在适当地段作节点放大，铺装路面，设置座椅供居民休息、交谈。有的小区规划不主张机动车辆进入组团，常在组团入口处设置障碍，以保证小孩、老人活动的安全。组团路的建筑控制线宽度，采用暖区不宜小于 10 m，非采暖区不宜小于 8m。

（4）宅间小路

宅间小路是居住区道路系统的末梢，是通向各户或各单元入口的通路，主要供步行及上下班时自行车通行，但为方便居民生活，送货车、搬家车、救护车、出租车要能到达单元门前。宅前单元入口处是居民活动最频繁的场所，尤其是少年儿童最愿意在此游戏，所以，宜将宅间小路及附近场地作重点铺装，在满足了步行的同时还可以作为过渡空间供居民使用 e 宅间小路的路面宽度不宜小于 2.5%

4. 居住区道路系统规划设计

居住区道路系统规划，通常是在居住区交通组织规划下进行的。一般居住区交通组织规划，可分为"人车分流"和"人车合流"两类。在这两类交通组织体系下，综合考虑居住区的地形、住宅特征和功能布局等因素，进行合理的居住区道路系统规划。

（1）人车分流的道路系统

"人车分流"的居住区交通组织原则，是 20 世纪 20 年代由佩里首先提出的。佩里以城市不穿越邻里内部的原则，体现了交通街和生活街的分离。美国新泽西州的雷德朋居住区规划，率先体现了这一原则，较好地解决了私人汽车发达时代的人车矛盾，成为私家车时代居住区内交通处理的典范。

"人车分流"的交通组织体系，涉及平面分流与竖向分流两类方法。该交通体系可以保持居住区内部的安全和安宁，保证区内各项生活与交往活动正常舒适地进行。目前国内像北京、上海、广州、深圳等大城市以及其他经济发达地区，推行以高层为主的住区环境，停车问题主要在地下解决，组团内部的地面上形成了独立的步行道系统，将绿地、户外活动、公共建筑和住宅联系起来，结合小区游戏场所可形成小区的游憩娱乐"环道"，能为居民创造更为亲切宜人但富有情趣的生活空间，也可为景观环境的观赏提供有利的条件。

（2）人车合流的道路系统

"人车合流"，又称"人车混行"，是居住区道路交通规划组织中一种很常见的体系。与"人车分流"的交通组织体系相比，在私人汽车不发达的地区，采用这种交通组织方式有其经济、方便的地方。在我国，城市之间的发展差异悬殊，根据居民的出行方式，在普通中、小城市和经济不发达地区，居住区内保持人车合流还是适宜的。在人车合流的同时，将道路按功能划分主次，在道路断面上对车行道和步行道的宽度、高差、铺地材料、小品等进行处理，使其符合交通流量和生活活动的不同要求；在道路线型规划上防止外界车辆穿行等等。道路系统多采用互通式、环状尽端式或两者结合使用。

四、居住区公共建筑与设施

1. 公共建筑分类

居住区公共服务设施，也称配套公建，应包括教育、医疗卫生、文化体育、商业服务、金融邮电、市政公用、行政管理以及其他设施 8 类。

（1）商业服务设施

功能特点：是公共建筑中与居民生活关系最密切的基本设施，项目内容多，性质庞杂，随着经济生活的提高，发展变化快。

主要内容：粮店、综合百货商店、储蓄所等。

（2）保育教育设施

功能特点：保育教育设施是学龄前儿童接受保育、启蒙教育和学龄青少年接受基础教育的场所，属于社会福利机构。

主要内容：托儿所、幼儿园、小学、普通中学等。

（3）文体娱乐设施

功能特点：充实和丰富居民的业余文化生活，提供了活动交往场所，满足居民高层次的精神需求。

主要内容：文化馆、电影院、运动场等。

（4）医疗卫生设施

功能特点：在居住区内具有基层的预防、保健和初级医疗性质。

主要内容：门诊部、卫生站等。

（5）公用设施

功能特点：为居民提供水、暖、电、煤气、交通等服务，及时清理垃圾，保障公共环境卫生。

主要内容：水、暖、电、煤气服务站点，公共厕所、停车场（库）、垃圾站、公交站等。

（6）行政管理设施

功能特点：是城市中最基层的行政管理机构和社会组织。

主要内容：街道办事处、居民委员会、小区综合管理委员会以及房管、绿地、市政公用等管理机构。

（7）金融邮电设施

功能特点：为居民提供储蓄、邮寄、通信等服务。

主要内容：银行、邮电所、电话亭等。

（8）其他设施

功能特点：为预防战争等特殊情况但考虑的人防设施。

主要内容：防空地下室。

在第 8 项的其他设施中，很重要的是人防设施。凡国家确定的一，二类人防重点城市均应按国家人防规范配建防空地下室，并应遵循平战结合的原则，与城市地下空间，如与停车场等规划相结合，统筹安排。根据不同公建项目的使用性质和居住区的规划组织结构类型，应该采用相对集中与适当分散相结合的方式合理布局；并应有利于发挥设施效益，方便经营管理和减少干扰。

商业服务与金融邮电、文体等相关项目宜整合和集中布置，如形成与住区规模级别相吻合的超市、会所等。停车场的设置是一个重点和难点，我国很多城市的老区、旧区，停车位严重不足，当年留下来的地面停车空间远远不能解决交通组织、环境污染等突出问题。新开发的社区、楼盘，停车矛盾相对缓和，已大幅度提高车位指标数，把地下空间有效地利用起来了。

2. 公共建筑设计原则

公共建筑设计主要遵循以下基本原则：

（1）方便生活

即要求控制合理的服务半径与活动路线，特别是经营日常性使用的公共建筑，要用最短的时间和最近的距离完成日常必要性生活活动。

（2）有利经营管理

发挥最大的效益，如重视节约用地和维持正常经营的现实因素。

（3）美化环境

综合公共建筑的使用性质，给使用者提供良好的生活环境。

3. 公共建筑布置形式

根据公建的性质、功能和居民的生活活动需求，居住区公建的布局方式可分为分散式和集中式两种。

公建布局方式㎡特点㎡适用范围

（1）分散式

特点：分布面广，服务效率高，通常地，功能相对独立，对环境有一定要求的公共建筑适宜于分散布置；或与居民生活关系密切，使用、联系频繁的基础生活设施也适合分散式布局。

适用范围：保育教育和医疗设施，居委会，自行车库，基层商业服务设施等。

（2）集中式

特点：商品服务、文化娱乐及管理设施除方便居民使用外，宜相对集中布置，形成生活服务中心。

适用范围：如当今很多社区、楼盘内，都集中布置有面积较大的综合会所等。

第二节　居住区绿地规划设计

一、居住区绿地的概念

1. 居住区绿地的概念

居住区绿地是城市园林绿地系统的重要组成部分。据我国《城市用地分类与规划建设用地标准》的指标规定，在人均单项建设用地指标中，人均居住用地是18.0-28.0 ㎡；在规划建设用地结构中，城市居住用地占建设用地的比例是20%～32%。具体到居住区生活用地里面，居住绿地又占到了25%～30%的比例。居住区广泛分布在城市建设区内，居住区绿地构成了城市整个绿地系统点、线、面上绿化的主要组成部分，是最接近居民的最为普遍的绿地形态。

居住区绿地是居住区环境的主要组成部分，通常是指居住小区或居住区范围内，住宅建筑、公建设施和道路用地以外用于布置绿化、园林建筑及小品，为居民提供游憩、健身活动场地的用地。居住区公共绿地，具体包括各级中心绿地、运动场、成人和儿童游憩场地、林荫路、绿化隔离带等。

2. 居住区绿地的功能和作用

绿地作为一个城市的呼吸系统，被人们喻为城市机体的"肺"。居住区绿地，具有其他基础设施与自然因素无法替代的多种功能。

众所周知，居住区住宅建设有着严格的规范要求，如住宅之间要满足必要的采光、通风、消防间距，要避免视线干扰因素等，而居住区绿地的留设，既可以满足多方面的住宅指标要求，又可以通过绿化与建筑物的配合，使居住区的室外空间富于变化，形成多层次、多内涵的景观环境。21 世纪的中国，住宅产业蓬勃发展，人们日益重视居住区以绿化为主的环境建设质量，买住宅就是要买环境，这在很大程度上决定着房价的走向。因此，居住区绿地的规划建设与居民的生活密切相关，居住区绿地的功能能否满足人们日益增长的物质、文化生活的需求，遂成为房地产市场关注的重要课题。

居住区绿地的功能，可以大致概括为使用功能、生态功能、景观功能及文化功能4 个方面。

（1）使用功能

居住区绿地是形成居住区建筑通风、日照、防护距离的环境基础，特别是在地震、火灾等非常时期，有疏散人流和避难保护的作用，具有突出的实用价值。居住区绿地直接创造了优美的绿化环境，可为居民提供方便舒适的休息游戏设施、交往空间和多种活动场地，具有极高的使用效率。户外生活作为居民必不可少的居住生活组成部分，凭借宅前宅后的绿地，凭借组团绿地或中心花园，可以充分自由地开展多种丰富多彩的绿地休闲、游园观赏活动，有利于人们的康体健身。

（2）生态功能

居住区绿地以植物为主体，在净化空气、减少尘埃、吸收噪声等方面起着重要作用。绿地能有效地改善居住区建筑环境的小气候，包括遮阳降温、防止西晒、调节气温、降低风速，在炎夏静风状态之下，绿化能促进由辐射温差产生的微风环流的形成，等等。

（3）景观功能

居住区绿地是形成视觉景观空间的环境基础，富于生机的园林树木、花卉和草坪作为居住区绿地的主要构成材料，绿化美化了居住区的环境，使居住建筑群更显得生动活泼、和谐统一，绿化还可以遮盖不雅观的环境物，用绿色景观协调整体的社区环境。

（4）文化功能

具有配套的文化设施和一定的文化品位，这是当今创建文明社区的基本标准。居住区绿地对居住区的社区文化，对居民的生理、心理都有重要作用，一个温馨的家园，不仅是视觉意义上的园林绿化，还必须结合绿地上的文化景观设施来统一评价。这种绿化与文化设施（如园林建筑、雕塑、水景、小品等）共同形成的复合型空间，有利于居民在此增进彼此间的了解和友谊，有利于教育孩子、启迪心灵，有利于大家充分享受健康和谐和积极向上的社区文化生活。

二、居住区绿地的组成与定额指标

1. 居住区绿地的组成

居住区绿地按其功能、性质及大小，可划分为公共绿地、宅旁绿地、公建附属绿地和道路绿地等，它们共同构成居住区绿地系统。宅旁绿化、道路绿化与公共绿化组成了居住区"点、线、面"相结合的绿化系统。

（1）公共绿地

包括居住区公园（居住区级）、小游园（小区级）、组团绿地（组团级）以及儿童游戏场和其他的块状、带状公共使用的绿地。居住区公园和小区游园往往与公共服务设施、青少年活动中心、老龄人活动中心等相结合，形成居民日常活动的绿化游憩场所，也是深受居民喜爱的公共空间或半公共空间。

（2）公建附属绿地

包括居住区的医院、学校、影剧院、图书馆、老龄人活动站、青少年活动中心、幼托设施、小学等专门使用的绿地。

（3）宅旁绿地

包括宅前、宅后的及建筑物本身的绿化，是居民使用的半私密空间和私密空间，是住宅空间的转折与过渡，也是住宅室内外结合的纽带。

（4）道路绿地

包括道路两旁的绿地及行道树。

2. 居住区绿地的定额指标

居住区绿地的指标，也是城市绿化指标的一部分，它间接地反映了城市绿化水平。随着社会进步，人们生活水平的提高，绿化事业日益受到重视，居住区绿化指标已成为人们衡量居住区环境的重要依据。

我国《城市居住区规划设计规范》中明确指出：新区建设绿地率不应低于30%，旧区改造不宜低于25%。居住区内公共绿地的总指标应根据居住区人口规模分别达到：组团不少于0.5 ㎡/人，小区（含组团）不少于1 ㎡/人，居住区（含小区）不少于1.5 ㎡/人。并根据居住区规划组织结构类型统一安排使用。另外，《规范》中还对各级中心公共绿地设置做了规定：居住区公园最小规模是10 000 ㎡，小游园4 000 ㎡，组团绿地最小规模为400 ㎡。

目前我国衡量居住区绿地的主要指标是平均每人公共绿地指标（㎡/人）、平均每人非公共绿地指标（㎡/人）和绿地覆盖率（㎡/人）。

在发达国家，居住区绿地指标通常比较高，一般人均3 ㎡以上，公园绿地率在30%左右。日本提出每个市民人均城市公园绿地指标为10.5 ㎡，其中居住区公园绿地人均为 4 m²。

另外一个概念是有关"居住区容积率"的问题。容积率，具体的定义是指居住区内建筑物的建筑面积与总用地面积的比值。根据城市总体规划，规划部门对各个居住开发用地都有一个建筑容积率的具体规定。它是衡量居住区有限的用地内负担着多少建筑面积的一项重要指标，它决定了居住环境的舒适度和使用效率。目前全国各大中城市的土地日趋升值，地产公司获取土地的成本也会随之加大，因此普遍希望提高居住区容积率来达到开发的利润目标。容积率过小，则浪费土地资源，如一些发达城市在青山绿水的城市风景区内开发别墅区或部分低层豪宅区，占用土地多，满足户数少，这些不应成为各地追风的趋向；容积率过大，则带来使用上的诸多问题，如住宅朝向通风问题、人口密度大问题、停车紧张等问题，意味着居住区内人均绿地的减少。因此，每个城市在搞不同档次的居住用地开发时应当控制好容积率，从而保证居住区绿地的相关定额指标。

第三节　居住区绿地规划设计基本理念与原则

一、居住区绿地规划设计基本理念

居住区的规划设计和建设，包括居住区的绿化，经过数十年的实践和探索，我国在理论和研究层面上逐渐形成了一些主要共识或理念，大致可归纳为：居住区要创造舒适的人居环境，人居环境要可持续发展；居住区的规划设计，要从居住空间、环境、文化、效益 4 个方面评估其质量和水准；要以新颖多样的居住区建筑形式和布局，优美的园林景观来创造人、住宅和自然环境、社会环境协调共生的居住区；要实现绿色生态居住区。

对于居住区绿地的规划设计和建设，其基本要求如下：

①居住区内的绿地均应绿化，并且宜发展垂直绿化。

②宅间绿地应精心规划与设计。

③应根据居住区的规划组织结构类型、不同的布局方式、环境特点及用地的具体条件，采用集中与分散相结合，点、线、面相结合的绿地系统，并宜利用或改造规划范围内的已有树木和绿地。

此外，立足于居住区普遍绿化的基础上，还得不断充实艺术文化内涵和生态园林的科学内容，使鳞次栉比的住宅掩映于山水花园之中，把居民的日常生活与园林游赏结合起来，使居住区绿地与建筑艺术、园林艺术、生态环境与社区文化有机联系。

二、居住区绿地规划设计基本原则

居住区绿地规划设计须遵循一些基本原则，大到居住区或小区公园，小到一个残疾人坡道设计，都应该关心人于细微之处，把这些基本原则具体化，落实到位，只有这样才能实现绿地的多项功能要求。

（1）系统性原则

居住区绿地规划设计应当将绿地的构成元素，周围建筑的功能特点，居民的行为心理需求和当地的文化艺术因素等综合考虑，多层次、多功能、序列完整的布局，形成一个具有整体性的系统，为居民创造幽静、优美的生活环境。

整体系统首先要从居住区景观总体规划要求出发，反映自己的特色，然后要处理好绿化空间与建筑物的关系，使二者相辅相成，融为一体。绿化形成系统的重要手法就是："点、线、面"相结合，保持绿化空间的延续性，让居民随时随地生活、活动在绿化环境之中。

（2）可达性原则

居住区公共绿地，无论集中设置或分散设置，都必须选址于居民经常经过并能到达的地方。

对于那些行动不便的老年人、残疾人或自控能力低的幼童更应该考虑他们的通行能力，强调绿地中的无障碍设计，强调安全保障措施。

（3）亲和性原则

居住区绿地，尤其是小区小游园，受居住区用地的限制，通常规模不可能太大，规划设计必须掌握好绿化和各项公共设施的尺度，以取得平易近人的感观效果。

当绿地有一面或几面开敞时，要在开敞面用绿化等设施加以围合，使游人免受外界视线和噪声的干扰。当绿地被建筑包围产生封闭感时，则宜采用"小中见大"的手法，造成一种软质空间，模糊绿地与建筑的边界，同时防止在这样的绿地内放入体量过大的构筑物或尺度不适宜的小品。

（4）实用性原则

绿地建设不能盲目注重观赏性而忽视实用价值。要借鉴和吸收传统住宅中，天井、院落、庭院等共享空间处理上的人性化特点，规划绿地时，应多考虑供人休息、交往、集会之用，空间上灵活多变。

绿地规划应区分游戏、晨练、休息与交往的区域，或者作类似的提示，充分利用绿化，为人服务；避免住宅与外庭院隔离，宅旁绿地成为无人问津的空地。

第四节　居住区绿地规划布局

一、居住区公共绿地

居住区公共绿地是居民日常休息、观赏、锻炼及社交的就近便捷的户外活动场所，规划布局必须以满足这些功能为依据。居住区公共绿地主要有居住区公园、居住区小区公园和住宅组团绿地 3 类，它们在用地规模、服务功能和布局方面都有不同的特点，因而在规划布局时应区别对待，通过具体分析作出相对应的合理性方案。

1. 居住区公共绿地形式特征

从总体布局来说，居住区公共绿地按造园形式一般可以分为规则式、自然式和混合式 3 种。

（1）规则式

规则式也称整形式，通常采用几何图形布置方式，有明显的轴线，从整个平面布局、立体造型到建筑、广场、道路、水面、花草树木的种植上都要求严整对称。绿化常与整形的水池、喷泉、雕塑融为一体，主要道路旁的树木也依轴线成行或对称排列。在主要干道的交叉处和观赏视线的集中处，常设立喷水池、雕塑，或陈设盆花、盆树等。绿地中的花卉布置也多以立体花坛、模纹花坛的形式出现。

（2）自然式

自然式又称风景式，自然式绿地以模仿自然为主，不要求严格对称。其特点是道路的分布、草坪、花木、山石、流水等都采用自然的形式布置，尽量适应自然规律，浓缩自然的美景于有限的空间之中。在树木、花草的配置方面，常与自然地形、人工山丘、自然水面融为一体，水体多以池沼的形式出现，驳岸以自然山石堆砌或呈自然倾斜，路旁的树木布局也随其道路自然起伏蜿蜒。自然式绿地景观自由、活泼、富有诗情画意，易创造出别致的景观环境，给人幽静的感受。居住区公共绿地普遍采用这种形式，在有限的面积中能取得理想的景观效果。

（3）混合式

它是规划式与自然式相结合的产物，根据地形和位置的特点，灵活布局，既能和周围建筑相协调，又能兼顾绿地的空间艺术效果，在整体布局上，产生一种韵律和节奏感，是居住区绿地较好的一种布局手法。

2. 居住区公共绿地规划

居住区公共绿地主要是适于居民的休息、交往及娱乐等，有利于居民心理、生活的健康。在规划设计中，要注意统一规划，合理组织，采取集中与分散、重点与一般相结合的原则，形成以中心公园为核心，道路绿化为网络，宅旁绿化为基础的点、线、面为一体的绿地系统。

（1）居住区公园

居住区公园是居住区中规模最大，服务范围最广的中心绿地，为整个居民提供交往、游憩的绿化空间。居住区公园的面积通常都在 10 000 ㎡ 以上，相当于城市小型公园。公园内的设施比较丰富，有体育活动场地、各年龄组休息活动设施、画廊、阅览室、茶室等。公园常与居住区服务中心结合布置，以方便居民活动。居住区公园服务半径为 800～1 000 居民步行到居住区公园的时间不多于 10 min。

居住区公园在选址与用地范围的确定上，往往利用居住区规划用地中可以利用且具保留或保护价值的自然地形地貌基础或有人文历史价值的区域。居住区公园除以绿化为主外，常以小型园林水体、地形地貌的变化来构成较丰富的园林空间和景观。

居住区公园主要功能分区有休息漫步游览区、游乐区、运动健身区、儿童游戏区、服务网点与管理区几大部分。概括来讲，居住区公园规划设计主要应满足功能、游览、风景审美、净化环境4个方面要求。

①功能要求

根据居民各种活动的要求布置休息、文化、娱乐、体育锻炼、儿童游戏及人际交往活动的场地与设施。

②游览要求

公园空间的构建与园路规划应结合组景，园路既是交通的需要，又是游览观赏的线路。

③风景审美要求

以景取胜，注重意境的创造；充分利用地形、水体、植物及人工建筑物塑造景观，组成具有魅力的景色。

④净化环境要求

多种植树木、花卉、草地，改善居住区的自然环境与小气候。

居住区公园规划设计手法一方面可以参照城市综合性公园的规划设计方法，另一方面，还要注意居住区公园有其自身的特殊性，应该灵活把握规则式、自然式、混合式的布局手法，或根据具体地形地域特色借鉴多种风格，熟练应用新的技术，如生态设计、生态技术等。居住区公园的游人主要是本区居民，居民游园时间大多集中在早晚，集中在双休日和节假日，在规划布局中应多考虑游园活动所需的场地和设施，多配置芳香植物，注意配套公园晚间亮化、彩化照明配电。

（2）居住小区公园

居住小区公园，又称居住小区级公园或居住小区小游园，是小区内的中心绿地，供小区内居民使用。小游园设置一定的健身活动设施和社交游憩场地，一般面积在4 000 ㎡以上，在居住小区中位置适中，服务半径是400～500m。

小游园的位置选择常见的有以下两种：

①设在小区中心

使其成为"内向"绿化空间，到小区各个方向的服务距离均匀，便于居民使用；在建筑环抱中空间环境比较安静，增强了居民的领域感和归属感；视觉上绿化空间与四周的建筑群产生明显的"虚"与"实"，"软"与"硬"的对比，小区空间疏密结合，层次丰富而有变化。

②沿街布置

在规模较小的小区中，小游园设在小区沿街一侧，将绿化空间从小区引向"外向"空间，与城市街道绿化相连，利用率较高；不但为本小区居民游憩所用，还能美化城市、丰富街道景观；同时使小区住宅与城市道路有了绿化的分隔，降低噪声，阻挡尘埃，有利于居住区小气候的改善。

小游园的规划设计要符合功能要求，尽量利用和保留原有的自然地形和原有植物，利用造园的艺术手法进行设计。在布局上，游园亦作一定的功能划分，根据游人不同年龄的特征，划分活动场地和确定活动内容，场地之间设有一定的分隔，布局既要紧凑，又要避免相互干扰，做到动静分区明确，开敞与封闭结合相对合理。

小游园中儿童游戏场的位置一般设在入口处或稍靠近边缘的独立地段上，便于儿童前往与家长照看。青少年活动场地宜在小游园的深处或靠近边缘独立设置，避免对住户造成干扰。成人、老龄人休息活动场，可单独设置，也可以靠近儿童游戏场，亦可利用小广场或扩大的园路，在高大的树冠下多设些座椅、坐凳，便于他们聊天、看报。

（3）居住区组团绿地

组团绿地是结合居住建筑组团的不同组合而形成的又一级公共绿地，随着组团的布置方式和布局手法的变化，其大小、位置和形状也相应变化。组团绿地的最小规模为 400 ㎡。

组团绿地规划形式与内容丰富多样，主要为本组团居民集体使用，为其提供户外活动、邻里交往、儿童游戏、老人聚集的良好条件。组团绿地距居民居住环境较近，便于使用，居民茶余饭后即来此活动。

住宅组团绿地位置的选择可有多种形式，如设在周边式住宅中间，行列式住宅山墙之间、住宅组团的一角，两个组团之间，组团临街处，甚至住宅区滨河而建时，绿地可结合自然水体形成迷人的景观

住宅组团绿地可布置幼儿游戏场和老龄人休息场地，设置小沙池、游戏器械、座椅等，组团绿地中仍应以花草树木为主，让组团绿地适应居住区绿地功能需求。

二、居住区道路绿化

居住区道路一般由居住区主干道、居住小区干道、组团道路和宅间道路四级道路构成交通网络，它是居民日常生活和散步休息的必经通道，在城市各种用地类型中居住道路路网密度最高，利用率最高。居住区道路空间又是居住区开放空间系统的重要部分，在构成居住区空间景观、生态环境方面具有非常重要的作用。

1. 道路绿化的作用

道路绿化是居住区绿化系统的有机组成部分，在居住区绿化系统中，它作为"点、线、面"绿化系统中的"线"部分，起到连接、导向、分割、围合等作用。随道路沿线的空间收放，道路绿化设计使人产生观赏的动感。

同时，道路绿化亦能为居住区与庭院疏导气流，传送新鲜空气，改善居住区环境的小气候条件。道路绿化有利于行人与车辆的遮阳，保护路基，美化街景，增加居住区绿地面积和绿化覆盖率。道路绿化亦能起到防风、减噪、降尘等绿化所具有的功能和作用。

2. 道路分级绿化设计

居住区各等级道路绿化设计有着各自具体的设计要求与实施要点，应区别对待。

（1）居住区道路

居住区道路是联系各小区或组团与城市街道的主要道路，兼有人行和车辆交通的

功能，其道路和绿化带空间、尺度与城市一般街道相似，绿化带的布置可以采用城市一般道路的绿化布局形式。

（2）小区道路

小区路上行驶车辆虽较居住区级道路少，但绿化设计也必须重视交通的要求。当道路离住宅建筑较近时也要注意防尘减噪。

（3）组团路

居住区组团级道路，一般以通行自行车和人行为主，路幅与道路空间尺度较小，一般不设专用道路绿化带，绿化与建筑的关系较为密切。在居住小区干道、组团道路两侧绿地中进行绿化布置时，常采用绿篱、花灌木来强调道路空间，减少交通对住宅建筑和绿地环境的影响。

（4）宅间小路

宅间小路是通向各住户或各单元入口的道路，主要供人行。绿化设计时道路两侧树木的种植应适当退后，便于必要时救护车或搬运车辆等直接通达单元入口。有的步行道与交叉口可适当放宽，与休息活动场地结合，形成小景点。

我国居住区现有道路断面多采用一块板的形式，规模较大的居住区也有局部采用三块板的断面形式，相应道路绿化断面分别为一板两带式和三板四带式。一板两带式是指中间为车行道，在车行道两侧的人行道上种植行道树；3板四带式是指用两条分隔带把车行道分成3块，中间为机动车道，两侧是非机动车道，连同车行道两侧的行道树共有4条绿化带，遮荫效果好。

居住区道路行道树的布置要注意遮阳和不影响交通安全，应注意道路交叉口及转弯处的树木种植不能影响行驶车辆的视距，必须按安全视距进行绿化布置。

3．行道树的种植设计

一般居住小区干道和组团道路两侧均配植行道树，宅前道路两侧可不配置行道树或仅在一侧配行道树。

行道树树种的选择和种植形式，应配合居住区道路、小区道路、组团路、宅间小路等道路类型的空间尺度，在形成适当的遮阳效果的同时，具有不同于一般城市道路绿化的景观效果，能体现居住区绿化多样、富于生活气息的特点。

（1）选择树种

要选择能适应城市各种环境因子，对病虫害抵抗能力强，苗木来源容易，成活率高、树龄长，树干比较通直，树姿端正，体形优美，冠大荫浓的行道树树种。并且树种不能带刺，要能经受大风袭击（不是浅根类），花果无臭味，不招惹蚊蝇等害虫，落花落果不打伤行人，不污染路面。

（2）景观效果

行道树的种植不要与一般城市道路的绿化效果等同，而要和两侧的建筑物、各种设施结合，形成疏密相间、高低错落及层次丰富的景观效果。

（3）株距确定

行道树株距的确定要根据苗木树龄、规格的大小来确定，要考虑树木生长的速度；

在一些重要的建筑物前不宜遮挡过多，株距应加大，用展示建筑的整体面貌。

（4）可识别性

要通过绿化弥补住宅建筑的单调雷同，强调组团的个性，在局部地方种植个性鲜明、有观赏特色的树木，或与花灌木、地被、草坪组合成群体绿化景观，增强住宅建筑的可识别性，有利于居民容易找到自己的"家园"。

行道树在种植形式方面，不一定沿道路等距离列植和强调全面的道路遮阳，而是根据道路绿地的具体环境灵活布置。如在道路转弯、交汇处附近的绿地和宅前道路边的绿地中，可将行道树与其他低矮花木配植成树丛，局部道路边绿地中不配植行道树；在建筑物东西向山墙边丛植乔木，而隔路相邻的道路边绿地中不配植行道树等，以形成居住区内道路空间活泼有序的变化，加强居住区开放空间的互相联系，形成连续开敞的开放空间格局等。

4. 人行道绿化带的种植设计

人行道绿化带可起到保护环境卫生和为居民创造安静、优美的生活环境的作用，同时也是居住区道路景观艺术构图中的一个生动的组成部分。

人行道和车行道之间留出的一条不加铺装的种植带，可以种植草皮、花卉、灌木、防护绿篱，还可种植乔木，与行道树共同形成林荫小径。

三、居住区宅间宅旁绿地和庭园绿地

宅间宅旁绿地和庭园绿地是居住区绿化的基础，占居住区绿地面积的50%左右，包括住宅建筑四周的绿地（宅旁绿地）、前后两幢住宅之间的绿地（宅间绿地）和别墅住宅的庭园绿地、多层和低层住宅的底层单元小庭园等。宅间宅旁绿地一般不设计硬质园林景观，而主要以园林植物进行布置，当宅间绿地较宽时（20 m以上），可布置些简单的园林设施，如园路、坐凳、铺地等，作为居民比较方便的安静休息用地。别墅庭院绿地及多层和低层住宅的底层单元小庭园，是仅供居住家庭伸用的私人室外绿地。

不同类型的住宅建筑和布局决定了其周边绿地的空间环境特点，也大致形成了对绿化的空间形式、景观效果、实用功能等方面的基本要求和可能利用的条件。在绿化设计时，应具体对待每一种住宅类型和布局形式所属的宅间宅旁绿地，创造了合理多样的配植形式，形成居住区丰富的绿化景观。

1. 宅间宅旁绿地

宅间宅旁绿地是居民在居住区中最常用的休息场地，在居住区中分布最广，对居住环境质量影响最为明显。宅旁绿地包括宅前、宅后、住宅之间以及建筑本身的绿化用地，其设计应紧密结合住宅的类型及平面特点，建筑组合形式、宅前道路等因素进行布置，创造宜人的宅旁庭院绿地景观，区分公共与私有空间领域。

不同的宅旁庭院绿地可折射出居民不同的爱好与生活习惯，在不同的地理气候、传统习惯与环境条件下有不同的绿化类型。根据我国国情，宅旁庭院绿地一般以花园型、庭园型最多，在当前的售楼热中，底层有时可独享私家花园，成为一大卖点和亮点。

宅间宅旁绿地布置应注意以下 5 个要点：

①宅间宅旁绿地贴近建筑，其绿地平面形状、尺度及空间环境与其近旁住宅建筑的类型、平面布置、间距、层数和组合及宅前道路布置直接相关，绿化设计必须考虑这些因素。

②居住区中，往往有很多形式相似的住宅组合，构成一个或者几个组团，因而存在相同或相似的宅间宅旁绿地的平面形状和空间环境，在具体的绿化设计中应把握住宅标准化和环境多样化的统一，绿化不能千篇一律，简单复制。

③绿化布置要注意绿地的空间尺度，特别是乔木的体量、数量，布局要与绿地的尺度、建筑间距、建筑层数相适应，避免种植过多的乔木或树形过于高大而使绿地空间显得拥挤、狭窄，甚至过于荫蔽或影响住宅的日照通风采光。

④住宅周围存在面积不一的永久性阴影区，要注意耐阴树木、地被的选择和配植，形成和保持良好的绿化效果。

⑤应注意与建筑物关系密切部位的细部处理，如住宅入口两侧绿地，一般以对植灌木球或绿篱的形式来强调入口，不要栽植有尖刺的园林植物；为防止西晒，在住宅西墙外侧栽高大乔木，在南方东西山墙还可进行垂直绿化，有效地降低墙体温度和室内气温，也美化了墙面；对景观不雅，有碍卫生安全的构筑物要有安全保护措施，如垃圾收集站、室外配电站等，要用常绿灌木围护，用绿色来弥补环境的缺陷。

2. 庭园绿化

庭园绿化，主要针对别墅住宅的庭园绿地、多层和低层住宅的底层单元小庭园等。根据我国的国情，城市土地资源有限，人口众多，独立式别墅只是很少的发展范畴，绝大多数以集合式住宅出现；很多多层或高层楼盘为了实现绿色入户，在设计时推出了多层或高层住宅的入户花园或户内花园，我们暂且把这类特殊的空中平台绿化归入庭园绿化的内容。

在高档住宅区或纯别墅区中，住宅建筑以独立式别墅（2～3 层）出现，或以"二合一""双连式"别墅出现，或以低层连排式高档住宅出现，每户均安排有围绕建筑的庭院。这类独立庭院的绿化，要求在别墅组群或区域内有相对统一的外貌，但内部可根据户主的不同要求，在不影响各别墅或高级小住宅外部景观协调的前提下，灵活布置绿化，形成各具情趣的庭园绿化。

当前，有些楼盘在多层或高层的一些大户型住宅（如复式住宅、跃层住宅或 120 m²以上的平层住宅）中推出了入户花园、户内花园（有时以大阳台的形式出现），这类庭园绿化，面积很小，尺度局限，且本身不是栽植在绿地上，又受到结构层（混凝土楼板）防水要求高的影响，因此设计上制约比较大，很讲究小巧精细、画龙点睛的手法。由于大型植物不能种植，所选择的植物、花卉一般是作重点点缀，以写意手法为主，旨在突出主人的审美情趣和文化品位。此外，私家养护条件也是应该考虑的因素，有时采用栽植小型盆栽植物代替，不失是比较现实的养护设施。

3. 入户花园与屋顶花园

伴随着近些年住宅产业的兴盛发展，多、高层住宅的大量涌现，城市绿地越来越少，实际中已很难做到多栋住宅每户都有庭院和花园了。在这种情形之下，为了尽可能增加住宅区的绿化面积和满足城市居民对绿地的向往及对户外生活的渴望，近年来出现了在多层或高层住宅中利用入口空间扩大组成入户花园，或者把阳台或屋顶进行绿化。

入户花园能增加住宅区的绿化面积，加强自然景观，改善居民生活的环境，深受住户的喜爱。屋顶花园在鳞次栉比的城市住宅中，可使高层居住的人们能避免来自太阳和低层部分屋面反射的眩光和辐射热，可使屋面隔热，减少雨水的渗透，保护生态平衡。这类花园又为人们开辟了另一块景观基地，提供了观赏自然风景、城市街景及本住区的新视角和新领域

我们应当重视住宅入户花园与屋顶花园的创造，应在居住景观的"立体化"方面多做文章。如在有限的基地上以占天不占地的方式建造住宅，变平地为起伏地；设置多层活动平台，实现空中绿化，有效缓解绿化和人们争夺活动场地的矛盾等。由于毕竟不同于地面土壤上的绿化，入户花园与屋顶花园在绿化时有其自身的一些特点。

（1）结构层承重要求

入户花园与屋顶花园利用的是屋面混凝土结构层作承重，荷载有相应的结构规范要求，覆土厚度不宜太大。这对屋面绿化的植物特别是对大树的栽植形成制约，除非在混凝土楼板设计时作树池的特殊设计，局部加大覆土，但这对结构处理、防排水处理增加了难度和复杂性。因此南北方应根据地域气候和土壤等条件作具体的植物选种和配植设计。

（2）防水要求

入户花园与屋顶花园的难点是防水处理，当前都要采用结构层自防水和外加柔性防水的双保险措施。对于入户花园与屋顶花园的植物土壤层，除了采用卷材或涂膜防水层之外，还要增设防水层的保护层，增设沙层或者细石过滤层，增设浇灌设施，需要相对高的技术作保障，避免出现渗水、漏水的事故。

（3）绿地与其他休闲设施结合

入户花园与屋顶花园的绿化要与屋顶其他休闲设施、健身设施相结合，体现屋面绿地的优越性。屋顶空间相对开敞，避免了受建筑间距、建筑层数的影响，有利于居高眺望，这就要求屋顶上要留出必要的小型凉亭、凉椅、健康路径的地面铺装场地，接近女儿墙或檐口的位置要有安全保护的栏杆，得有利于观赏视线的选择。

（4）协调性和环境多样化的统一

住宅入户花园与屋顶花园追求的是单元屋顶的协调性和环境多样化的统一，绿化有个性的同时也要有规律，单元之间不能差异悬殊，影响空中高视点俯视时的整体感。

有的入户花园与屋顶花园上还设计观赏性的水景，甚至有屋顶泳池设施，这些都是设计需要考虑的视觉艺术和技术问题。随着人们物质生活、文化生活追求的不断提高，入户花园与屋顶花园必将呈现出千姿百态的特色，需要做的研究工作还很多，是

一个持久性的课题。

四、郊野高档社区的环境绿化设计

1. 郊野高档社区的特点

近年来，房地产商对一些大城市的近郊比较看好，已建成或正在建设的不少以独立别墅或连排高级小住宅形式出现的郊野高档社区，与城市其他楼盘相比，具有突出的特点，如杭州的九溪玫瑰园、深圳梅林关外的万科第五园等。地产商依托发达城市的郊野高档商品住宅的市场需求，把握了近郊选址和城市之间便捷的交通联系，充分发挥城市建成区中各类居住区所不具备的充足的用地条件、良好的生态环境和乡村田园自然山水风景的优势，在规划建设和营销中，往往着意策划具有生态风景内涵或某类异地风情、人文趋向的社区品牌，形成有特色的社区文化。

（1）自然资源优势

风景优美，环境清静，空气质量好，能享受到城市闹区所不具备的多种自然资源优势，如被保护的原有地形、山林水体等。

（2）较高的绿地率

郊野高档社区具有较低的容积率和较高的绿地率，可以比较方便地开设居住建筑外的休闲绿地、广场或园路，用来欣赏绿色，在绿色环抱中进行座谈、健身、娱乐等活动，适合修身养性，有世外桃源之境界。

（3）特色景观

郊野高档社区的居住建筑层数较低，居住人口密度较低，相对来说，具有田园、小镇一类的风景优势，容易在独立的小院内营造私家园林的特色景观，有时可以拥有私家泳池、亭廊、花架等，条件优越，可以满足一些特定的人文创意，满足园主人的某些嗜好或审美趣味等。

2. 郊野高档社区的环境绿化规划设计

郊野高档社区，不同于一般的城市住宅区，往往兼具居住与健身度假和休闲娱乐功能，社区内很高的绿地率和山水风景资源为实现这些功能提供了重要保障。郊野高档社区的环境绿化规划设计是在遵照社区总体规划的基础上，结合一般居住绿地规划设计、旅游度假区规划设计和城市公园规划设计的原理和方法进行的。

郊野高档社区环境绿化规划设计应着重把握以下 3 个关键问题：

①环境绿化规划的定位问题，即规划目标

风景秀丽，环境幽雅，这是人心所向；在安静舒适的氛围之下自娱自乐，做自己喜欢的事情，这是一种自我价值的实现，但独居此类高档社区，尤其不能忽视对原有山水资源的珍惜，绿化规划上要把充分利用和合理改造结合起来考虑，要以原来山水地形地貌为绿化基础，优化社区整体生态环境，体现生态内涵，体现可持续发展。建筑物不能建设得太张扬和奢华，不能以自我为中心而抢夺或破坏宝贵的山水绿地资源，建筑形象更不宜太商业化、广告化、媚俗化，而要通过绿化调和统一建筑物与自然环境在景观生态上的关系，弥补房屋建筑、车行道路对自然山林和绿地植被的破坏，合理修复被破损的自然景观。

②环境绿化的布局问题

如交通组织、功能分区、景点选择等。郊野高档社区大多把主干道作为展示社区内山水园林景观、联系规划景区（或景点）的游览路线，在没有设置建筑的山林绿地、湖塘水体边，在每户私家园林之外，要综合考虑具体地形条件、植被条件及交通设施㎡等因素，合理布置不同的山水风景景点和休闲健身娱乐的园林景点。绿化布局直接影响着环境的观赏质量和审美品位，要达到丰富多彩的艺术意境，应当深刻挖掘环境绿化的内涵。那种围绕"青山绿水、小溪潺潺、碧波泛舟、竹林寻幽、夏日风荷"等创设的景点，都是郊野高档社区环境规划布局中考虑的细节问题，需要做的文章很多。

③环境绿化规划设计的方法、技术和投资费用的问题

如林相改造、植物群落结构的维护、景观生态功能的完善、绿地水体养护与费用等，这些都需要在规划阶段认真调研和评估，科学决策。对山林水体自然资源，要通过规划设计，体现高质量的自然生态景观；对人工设施，如建筑小品、园林小品等，要使新内容的开发与规模、尺度控制相结合，体现人与自然和谐共生的理念。

在对具体的郊野高档社区环境绿化做规划设计时，要因地制宜，对症下药。南北方存在地域气候的差异性，即使同一地域也因山地湖泊、树木植被、地势起伏等的不同而必须采取相应的规划措施来操作。若社区拥有树林或贴近树林，可以在林中开辟步行道，其间适当布置园林小品和风雨廊、凉亭等建筑，供居民晨练、散步等活动；假如社区拥有湖泊水塘或是在滨水地带建设，则可以考虑多布置自然式驳岸，在岸边或水中添置临水茶室水榭，安排垂钓、游船、游泳等水上休闲活动设施，适当配以曲桥汀步、再创造瀑布和跌水等景观，形成水景特色。郊野高档社区由于以低层别墅建筑群、高级小住宅为主，故要注意利用建筑物周围开敞明朗的空间环境，让建筑物与山水环境及绿化景观互为映衬。

郊野高档社区环境的绿化，还要考虑各项建设对原有自然地形地貌的破坏，应通过后期绿化对此进行弥补或修复，如通过垂直绿化、边坡绿化来掩盖施工开挖后裸露的陡坎，重新构筑挡土墙，并且在挡土墙上考虑爬藤植物的绿色覆盖等。此外，该类高档社区地处郊野的自然生态环境中，可直接利用当地乡土植物或选择适合山野生长的对环境条件不敏感而观赏价值较高的园林植物。

第七章 公共绿地规划设计

单位附属绿地是指专属某一部门或某一单位使用的绿地，如机关、部队、团体、学校、医院、工矿、企事业等附属绿地，通常不对外开放。

第一节 工业企业绿地规划设计

工厂企业单位附属绿地包括各类生产资料、生活资料制造或加工等工业单位的庭院附属绿地。这类附属绿地可以减轻因各种生产活动造成的环境污染，改善和提高企业生产与经营活动的环境质量。

一、工厂企业的用地组成

为了节约城市用地，工厂企业一般建造在城市边缘地段或是填土地面上，建筑密度较大，尤其是位于老城区的工业场地，用地更加紧张。一般工厂企业用地包含主要建筑用地（指管理办公建筑）、生产区用地、仓库储藏用地、道路用地，还有一些预留用地，待未来工厂扩建所需。工厂企业的绿地规划要根据这些用地的实际状况来设计，考虑到使用者的范围和工厂企业的性质，合理规划绿地布局。

二、工厂企业绿地的作用

工厂企业绿地是工厂环境的有机组成部分，也是城市园林绿地的重要组成部分。其具有环境、社会及经济三个方面的作用和效益。

1. 环境效益

净化空气，吸收有害气体，吸滞粉尘，减少空气中的含菌量和放射性物质；净化水质，降低噪声；保持水土，调解小气候，监测环境污染。

2. 社会效益

美化厂区，改善工矿企业面貌；避灾防火；利于工矿企业精神文明建设，提高企业声誉和知名度．增强企业凝聚力。

3. 经济效益

直接创造物质财富表现在树木的疏伐，植物产生的原料；间接产生经济效益表现很好，创设净美的环境，有利于改善投资环境，吸引外资。

现阶段，工厂企业绿地管理既有工厂企业自行养护，又有养护外包，今后的趋势是养护外包。既可获得更有效的绿化结果，又节省工厂企业自身的人力和财力。

三、工厂企业绿地的特点

工厂企业绿地在净化环境、改善小气候、减噪等许多方面的功能都与城市园林绿地相同。但是工厂企业绿地毕竟不同于城市园林绿地，还具有一些独有的绿地特点：

一是工厂企业绿地立地条件比较复杂，环境条件较差，不利于植物的生长。

二是厂区内部用地紧凑，绿化用地面积较少，通常不会出现大面积的绿地。

三是绿化要保证工厂的安全生产和正常运作。

四是绿地景观要与厂区主要特色相结合，充分地考虑工厂职工的环境需求。

四、工业绿地的规划原则

工厂企业的绿地规划是其总体规划的一个重要组成部分，在决定总体规划时应给予综合的考虑和合理的安排，发挥绿地在改善环境，卫生防护等方面的综合功能。要注意因地制宜，合理布局，形成自身独特的景观特色。所以工厂企业绿地规划设计应该遵循以下几点基本原则：

一是要与建筑主体相协调，统一规划，合理布局，形成点、线、面相结合的厂区绿地系统。

二是满足生产和环境保护的要求，把保证工厂的安全生产放在首位。

三是以植物景观为主，突出工厂绿地特色。充分为职工休息和生产服务。

四是充分利用空间资源，扩大绿色植物的覆盖面积，尽量地提高绿地率。

五、工业绿地的规划设计

一般工矿企业的绿地规划设计可以分为厂前区、生产区、仓储区、职工休闲区等。因此工矿企业的绿地环境规划设计包含了厂前区绿地环境设计、生产区绿地环境设计、仓储区绿地环境设计、内部休憩绿地设计、工厂道路绿化设计、工厂防护林带设计等。

1. 厂前区绿地环境设计

厂前区主要包括主要入口、厂前建筑群、广场等，一般位于上风向。这里是工人进出的主要场所，往往和城市主要道路相连接，体现着工厂的形象与面貌。其环境的好坏直接影响到城市的环境面貌。他的绿地从设计形式到植物选择搭配以及养护管理，都要求比较高，以期有较好的景观效果。

（1）大门环境大门是工厂的出入要道

绿地设计首先要考虑交通的方便性、引导性和标志性；其次，要与建筑的体形色彩相协调，还要注意与场外街道绿化连成一体，两侧较远处种植高大乔木，大门附近用一些观赏价值较高的矮小植物或者是建筑小品重点装饰，形成绿树成荫，多彩多姿的景观效果；第三，大门周围墙体绿化要充分注意到卫生、防火、防污染、降低噪音，并且要与周围景观相协调，一般可采用攀缘植物进行垂直绿化。

（2）厂前建筑群、广场环境

这里是厂前区的空间中心，周围环境条件相对较好，有利于植物景观的布置。一般采用规则式布局，并结合一些花坛、雕塑、水池等。远离建筑的地带可以采用自然式的规划布局，设计草坪、花境、树丛等。因为这里建筑物较多，要根据不同建筑物的特点分别设计布置，既有一定的独立性，又和整个厂前区绿地环境相统一。

2. 生产区绿地环境设计

生产区周围绿地环境设计较为复杂，因为这里是生产的重要场所，污染比较严重，管线分布较多，空间相对较小，绿化条件较差。生产车间还要注意室内的采光和通风，对植物种类的要求也比较高。根据生产的性质、种类和生产特点，一般将生产区分为：有污染的生产车间、无污染的生产车间、有特殊要求的生产车间。

（1）有污染的生产车间

多数是一些化工生产车间，该区域污染较为严重，产生大量的有害气体、粉尘、烟尘、噪音等，一般植物难以生长，必须选用一些抗污性强的，有特殊功能的植物品种。首先要考虑有害气体的扩散、稀释，利用耐污染植物吸附有害物质，净化空气；其次要注意土壤的污染，可以利用一些人工培土、设计花坛、大型花盆等，更利于植物的正常生长。

在污染严重的车间周围绿化，所栽植物种类是否合适是成功的关键．不同的植物对环境的适应能力和要求也不同。树种的抗污染能力还和污染的程度有重要关系，也和林相的组成有关，复层混交林的抗污染能力明显强于单层疏林的抗污染能力。

（2）无污染的生产车间

无污染的生产车间本身对周围环境不会产生有害的污染物质。相对于有污染的生产车间，周围的环境绿化较为自由，除不影响交通和管线外，没有其他的限制性要求。在根据场区总体绿地规划设计的要求下，各个车间还要体现出各自不同的特点，充分考虑职工工余时间休息的需要，特别是一些宣传栏前可以布置花坛、花台，种植花色艳丽、姿态优美的花木；再设置一些座椅、水池及花架等园林小品；形成良好的休息环境。

大多数生产车间还要考虑通风、采光、防尘、防噪；北方地区要注意防风，南方地区要考虑隔热等一般性的要求。在不影响生产的情况下，可以设置些盆景，做一些立体化的绿化形式，将车间内外连成一个整体，创造了一个自然的休息环境。

（3）有特殊要求的生产车间

一般是一些要求洁净程度较高的生产车间，例如精密仪器生产、工艺品生产、食品生产、电脑软件生产等，这些车间周围的环境质量直接影响到产品的质量和使用寿命，对周围的绿地环境要求非常高，要求防尘、清洁、隔热、美观，有良好的采光和通风条件，所以对于植物的选择有特殊的要求，一般应该选择抗病力强、无飞絮、无花粉、吸尘能力强的树种，同时还要考虑绿地在竖向上的设计，做好乔木、灌木、草坪三者高中低的绿地景观效果。

总的来说整个生产区的绿地规划设计的要点有：①注意树种的选择，特别是有污染的车间附近；②注意不同性质的车间对于采光和通风的要求；③处理好植物种植和各种管线位置的关系；④满足生产运输、安全、维修方面的要求；⑤考虑职工对于车间周围绿地布局形式以及观赏植物的喜好和周围植物四季的景观效果。

由于经济的迅速发展，生产车间的种类很多，对环境的要求也有所差异，因此，实地考察工厂的生产特点、工艺流程、对环境的要求和影响、绿化现状场地管线分布等，对于做好生产区绿地规划设计是十分重要的。

3. 仓储区绿地环境设计

仓储区周围的绿地规划设计一般要根据仓库内的储存物品、交通运输条件来考虑，以不影响其功能操作为前提，满足使用上的要求，务必使货物装卸运输方便；还要注意防火的要求，不宜种植针叶树与油脂较多的树种。绿化以稀疏种植乔木为主，一般树木的间距以 7～9 m 为宜，绿化布置应该追求简洁。

露天仓库应该在周围种植一些生长健壮的、防火防尘效果好的落叶阔叶树，与周围的环境进行隔离；地下仓库相对简单，考虑土层厚度，栽植的草皮、乔灌木能起到装饰、隐蔽、降低温度、防止尘土飞扬的作用即可。

4. 内部休憩绿地设计

内部休憩绿地的设置是满足职工在工作之余恢复体力、放松精神、调剂心理需要的幽雅环境，一般位于职工休息易于到达、环境条件较好的场地；面积_般不大，要求布局形式灵活，考虑使用者生理和心理上的需求。休憩绿地的设计要结合厂内的自然条件，如小溪、河流、池塘、洼地、山地以及现有的植被条件等，对现状加以改造和利用，创造自然优美的休息空间。

设计要点主要有：①结合厂前区布置；②结合厂区内的公共设施或人防工程布置；③主要在生产车间附近布置；④利用现有的条件，因地制宜地开辟休息绿地。

5. 工厂道路绿化

工厂道路是厂区的动脉，连接工厂内外交通路线，把工厂内部的小块绿地、游园、花坛联系在一起，形成完整的厂区绿地系统，对改善厂区环境有着重要作用，是工厂绿地景观的重点之一。

　　工厂道路设计一般是采用一板两带式。道路绿地景观通常设计成规则式和自然式相结合的形式。在厂内主要道路多采用规则式，具有统一的行道树或其他列植树，通过与周围树木搭配，在前后层次处理，单株和丛植的交替产生变化感，一般变化幅度较小，节奏感较强。其余的道路可以根据不同的要求来设计，确定道路的形式。在工厂道路绿化景观上，首先要创造良好的行道环境，体现道路绿地的遮阳、降温、阻挡灰尘、降低噪音、吸收有害气体、净化空气的功能；其次，要保证车辆通行的安全，在限定车速的情况下，路口安全视距大约 20 m 左右；第三，与工程管线相配合，按照树木与管线设施的规定距离来进行种植设计，必要时注意对树木的修剪；第四，不能影响车间的米光和通风。

　　对于厂区内部的铁路，通常设置隔离防护林带，防止了工人随意穿行，隔离防护林带还有固基、降噪、滞尘的作用。

　　6. 工厂防护林带

　　工厂防护林带绿地的主要作用是隔离工人和居民对工厂有害气体、烟尘等污染物质的影响，降低有害物质、尘埃和噪音的传播，以保持环境的清洁度。工厂防护林带在工厂绿化设计中占有重要地位。防护林带的宽度要根据污染危害程度、当地实际情况和绿化条件来综合考虑。按国家卫生规范，将防护林带的宽度定为 5 级：1000 m、500 m、300 m、100 m、50 m。设置类型主要包括防污、防火、防风等林带。

　　在工厂的上风方向通常设置二至数条防护林带，防止风沙吹袭以及邻近企业所产生的有害排出物的污染。在下风方向设置防护林带，必须根据有害排出物排放、降落和扩散的特点，选择适当的位置和种植类型，并且定出宽度。在一般情况下，污物从工厂烟排出时并不立即降落，所以在靠近厂房的地段不必设置林带，林带设置在污物开始密集降落的范围内和受影响的地段内，卫生防护林带的范围内不宜布置可供散步休息的小道和广场、坐凳，如果需要重点美化，可在穿过卫生防护地带的车行和人行道口旁的林缘，用灌木、花卉或绿篱加以美化。

　　防护林带因其性质、作用的不同，其结构一般可以分为透风式、半透风式、封闭式三种。透风式一般多是由乔木组成，不配置灌木，主要是减弱风速、阻挡污染物质，在距离污染源较近处使用。半透风式也是以乔木为主，在林带两侧配置一些灌木，主要适合于防风或者是远离污染源的地方使用。封闭式林带由大乔木、小乔木、灌木多种树木组合而成，防护效果好，有利于有害气体的扩散和稀释。

六、工业绿地的树种选择

　　1. 抗烟尘树种

　　香榧、榉树、黄杨、女贞、青冈栎、楠木、冬青、珊瑚树、桃叶珊瑚、广玉兰、石楠、枸骨、桂花、大叶黄杨、夹竹桃、栀子花、槐树、厚皮香、银杏、刺楸、榆树、朴树、木槿、重阳木、刺槐、苦楝、臭椿、三角枫、桑树、紫薇、悬铃木、泡桐、五角枫、乌桕、皂荚、桦树、青桐、麻栎、樱花、蜡梅、黄金树、大绣球。

2. 滞尘能力较强的树

臭椿、槐树、标树、皂荚、刺槐、白榆、麻栋、白杨、柳树、悬铃木、榉树、榕树、凤凰木、海桐、黄杨、青冈栎、女贞、冬青、广玉兰、珊瑚树、石楠、夹竹桃、厚皮香、枸骨、桦树、朴树、银杏。

3. 防火树种

珊瑚树、厚皮香、交让木、山茶、油茶、罗汉松、蚊母树、夹竹桃、女贞、海桐、冬青、大叶黄杨、枸骨、银杏、泡桐、悬铃木、青冈栎、栲、栓皮栎、麻栎、枫香、乌桕、白杨、柳树、国槐、刺槐、臭椿、苦槠。

4. 抗二氧化硫（SO2）的树种

（1）抗性强的树种

大叶黄杨、雀舌黄杨、瓜子黄杨、海桐、蚊母树、山茶、女贞、小叶女贞、枳橙、棕榈、凤尾兰、夹竹桃、枸骨、枇杷、金楠、构树、无花果、枸杞、青冈栎、白蜡、木麻黄、相思树、榕树、十大功劳、九里香、侧柏、银杏、广玉兰、北美鹅掌楸、梧桐、重阳木、合欢、皂荚、刺槐、槐树、紫穗槐。

（2）抗性较强的树种

华山松、白皮松、云杉、赤松、罗汉松、龙柏、侧柏、石榴、月桂、广玉兰、冬青、珊瑚树、柳杉、栀子花、青桐、臭椿、桑树、楝树、白榆、榔榆、朴树、黄檀、腊梅、榉树、毛白杨、丝棉木、木槿、丝兰、桃树、红背桂、枣、椰子、米子兰、菠萝、石栗、沙枣、印度榕、高山榕、细叶榕、苏铁、厚皮香、扁桃、枫杨、凹叶厚朴、含笑、杜仲、细叶油茶、七叶树、八角金盘、日本柳杉、花柏、丁香、卫矛、枪木、板栗、无患子、玉兰、八仙花、地锦、梓树、泡桐、槐树、银杏、刺槐、香樟、连翘、金银木、紫荆、黄葛榕、柿树、垂柳、胡颓子、紫藤、三尖杉、杉木、太平花、紫薇、银桦、蓝桉、乌桕、杏树、枫香、加杨、旱柳、垂柳、木麻黄、小叶朴。

（3）反应敏感的树种

苹果、梨、郁李、悬铃木、雪松、油松、马尾松、云南松、湿地松、落叶松、白桦、毛樱桃、樱花、贴梗海棠、油梨、梅花、玫瑰、月季。

5. 抗氯（C12）气体的树种

（1）抗性强的树种

龙柏、侧柏、大叶黄杨、海桐、蚊母树、山茶、女贞、夹竹桃、凤尾兰、棕榈、构树、木槿、紫藤、无花果、樱花、枸骨、臭椿、榕树、九里香、小叶女贞、丝兰、广玉兰、桂柳、合欢、皂荚、槐树、黄杨、白榆、红棉木、正木、沙枣、椿树、苦楝、白蜡、杜仲、厚皮香、桑树、柳树、枸杞。

（2）抗性较强的树种

桧柏、珊瑚树、榉树、栀子花、青桐、楝树、朴树、板栗、无花果、罗汉松、桂花、石榴、紫薇、紫荆、紫穗槐、乌桕、悬铃木、水杉、天目木兰、凹叶厚朴、红花油茶、银杏、柽柳、桂香柳、枣、丁香、白榆、假槟榔、江南红豆树、细叶椿、蒲葵、枳橙、枇杷、瓜子黄杨、山桃、刺槐、铅笔柏、毛白杨、石楠、泡桐、银桦、云杉、柳杉、太平花、蓝桉、梧桐、重阳木、黄葛榕、小叶榕、木麻黄、梓树、扁桃、杜仲、旱柳、小叶女贞、鹅掌楸、卫矛、接骨木、地锦、米兰、芒果、君迁子、月桂。

（3）反应敏感的树种

池柏、薄壳山核桃、枫杨、木棉、紫椴、赤杨。

6. 抗氟化氢（HF）气体的树种

（1）抗性强的树种

大叶黄杨、海桐、蚊母树、山茶、凤尾兰、瓜子黄杨、龙柏、枸骨、朴树、花石榴、石榴、桑树、香椿、丝棉木、青冈栎、侧柏、皂荚、槐树、桂柳、黄杨、木麻黄、白榆、正木、沙枣、夹竹桃、棕榈、细叶香桂、杜仲、红花油茶、厚皮香。

（2）抗性较强的树种

桧柏、女贞、白玉兰、珊瑚树、无花果、垂柳、桂花、枣树、榉树、青桐、木槿、楝树、积树、枳橙、臭椿、刺槐、合欢、杜仲、白皮松、枣、柳、胡颓子、楠木、垂枝榕、滇朴、紫茉莉、白蜡、云杉、广玉兰、榕树、柳杉、丝兰、太平花、银桦、蓝桉、梧桐、乌桕、小叶朴、梓树、泡桐、小叶女贞、油茶、鹅掌楸、含笑、紫薇、地锦、柿树、月季、丁香、樱花、凹叶厚朴、银杏、天目琼花、金银花。

（3）反应敏感的树种

葡萄、杏、梅、山桃、榆叶梅、紫荆、金丝挑、慈竹、池柏。

7. 抗乙烯的树种

（1）抗性强的树种

夹竹桃、棕榈、悬铃木、凤尾兰。

（2）抗性较强的树种

黑松、女贞、榆树、枫杨、重阳木、乌桕、红叶李、柳树、香榧、罗汉松、白蜡。

（3）反应敏感的树种

月季、大叶黄杨、苦栎、刺槐、臭椿、合欢、玉兰。

8）抗氨气的树种

（1）抗性强的树种

女贞、榉树、丝棉木、蜡梅、柳杉、银杏、紫荆、杉木、石楠、石榴、朴树、无花果、皂荚、木槿、紫薇、玉兰、广玉兰。

（2）反应敏感的树种

紫藤、小叶女贞、杨树、虎杖、悬铃木、薄壳山核桃、杜仲、珊瑚树、枫杨、芙蓉、栎树、刺槐。

9）抗臭氧（O3）的树种

枇杷、悬铃木、枫杨、刺槐、银杏、柳杉、日本扁柏、黑松、榉树、青冈栎、日本女贞、夹竹桃、冬青、连翘、八仙花、美国鹅掌楸。

第二节 公共事业单位绿地规划设计

一、教育机构绿地规划设计

教育机构绿地规划设计是公共事业单位绿地规划设计的重要组成部分之一．主要是指校园园林绿地规划设计。根据使用人年龄的不同及教育事业不同阶段的要求，可以把教育机构绿地规划分为三个不同的部分：幼儿园绿地规划、中小学绿地规划、大专院校绿地规划。

1. 幼儿园绿地规划设计

幼儿园是对 3～6 岁幼儿进行学龄前基础教育的机构，早期教育是一种启蒙教育，孩子们活泼可爱，对一切都充满了好奇。这个时期婴幼儿具有十分明显的特点：①可塑性大，生长发育快，模仿能力强，接受能力强，好动。但是对于外界了解很少，缺乏思维能力和创造力。②儿童年龄愈小，年龄特征的变化愈快。他们的思维首先是直觉行动性。约 3 岁以后的儿童就具有了形象思维的特征，以后慢慢发展成为简单的逻辑性思维。③这一阶段的孩子是爱好娱乐，喜欢游戏的。由于年龄较小，反应能力差，适宜静态的游戏和娱乐，5 岁之后逐渐转向动态的游戏和娱乐。

根据该时期婴幼儿的特点幼儿园内部布局有以下几个特点：

（1）面积小幼儿园一般是建在居住小区内部，覆盖面积相对较小，生源也十分有限，所以幼儿园的规模比较小、

（2）功能简单幼儿园主要是进行学前教育，教学任务简单．要求的功能也简单．一般设计一些小型的场地和一些简单的活动器械供幼儿们游戏就可以。

（3）室外活动面积有限幼儿园本身规模就很小，加上为幼儿的安全考虑主要是在室内学习和玩耍，室外空间只提供少量的活动设施。

幼儿园环境设计要符合孩子们的心理，以活泼、动人、美丽和色彩明快为特点，如常用一些动物雕塑、卡通人物形象雕塑等；幼儿园的绿地规划设计一般可分为大门的绿地规划、建筑区的绿地规划、户外活动场地的绿地规划三个部分。

（1）大门的绿地规划应该是绿地规划布局的重点之一，给儿童可爱、亲切的印象。它应该具有活泼、动人、美丽，适应儿童的特点。

（2）建筑区的绿地规划主要是结合周围主要建筑环境、地形和朝向以及其他部分统一安排，使建筑物与室外的环境良好地结合起来。

（3）户外活动场地是幼儿集体活动、游戏的主要场地，更是重点绿化场所。在户外活动场地内通常设有沙坑、花架、涉水池、小亭及各种幼儿活动的器械。在这些附近以种植树冠宽阔、遮阳效果好的落叶乔木为主，使儿童及活动器械在夏天免受阳

光的灼晒，在冬天又能享受阳光的温暖。整个场地应该开阔通畅，不宜过多种植，以免影响儿童活动。户外活动场地的绿地铺装和材质色彩要结合这时期儿童的特点来设计，符合儿童的心理，适合儿童的使用，为他们所喜爱。场地约40%要进行硬质铺装，如水泥、块石、瓷砖等。其余部分应铺草地。这些铺装可以做出一些儿童喜欢的艺术形象，如动物形象化的图案等，来取得良好的效果。

在整个幼儿园绿地规划设计当中选用的花木要有严格的要求，不宜种植多飞毛、多刺、有毒、有臭及引起过敏反应的植物ā如悬铃木、皂荚、海州常山、夹竹桃、枸骨、莺尾等。必须是无毒、无刺、不会产生任何危害的种类。如选用开花的白玉兰、迎春、垂丝海棠、腊梅、紫薇、紫藤、紫荆、芭蕉、罗汉松、杜鹃花等，使园中鲜花烂漫，四季如春。

幼儿园绿地规划设计要点：

（1）必须设各班专用的室外场地，同时另设全园共用的室外活动场地。场地应设游戏设施、沙坑、洗手池和戏水池（水深＜0.3 m），并可适当布置小亭、花架、动物房、苗圃及供儿童骑自行车的小区。

（2）浪船、吊箱等摆动类器具周围应有安全围拍设施。

（3）户外要避免尘土飞扬并注意保护儿童安全。

（4）种植形态优美、色彩艳丽、无毒无刺无飞毛植物，乔木应该注意通风采光需求。

（5）学校周围注意用绿篱或乔灌木林带隔离。

2. 中小学绿地规划设计

俗话说"十年树木，百年树人"。中小学的绿地规划设计和幼儿园的绿地规划设计有很大的区别。到了中小学阶段，孩子们思维活跃，已经有了一定的判断能力，也是可塑性最强的时期。中小学的校园环境设计应注重突出生动活泼和带有启迪性，充分发挥环境育人的作用，常用名人雕塑和带有启发性的造型小品等，要求格调明快，一目了然。

这一时期少年的主要特征是：①他们的年龄分别在6～11岁和12～16岁。②他们的好奇心大幅度的增强，据有关专家测定，这一年龄段是人一生中形象记忆和情绪记忆的最佳时期。③小学各年级和初中一年级均属于少年时代，他们酷爱科学和运动；12～15岁的孩子，在德、智、体方面已全面发展，酷爱和勇于参加科技活动和体育锻炼。④中小学生是祖国的明天，如今他们多是具有时代特征的独生子女一代，对于他们的教育有其特殊性，需要全社会各行业的关注，从各个方面创造使他们健康成长的环境。

中小学校园面积一般较小，在1 hm²左右。除教室、操场外，可绿化的面积较小，个别校园除去教室外，几乎没有绿化的面积。所以中小学的校园绿地规划要结合实际场地，制订有效的绿地规划方案，一般中小学校园绿地的规划可分为：校园出入口绿化、主体建筑周围绿化、体育运动场绿化、校园道路绿化、校园四周绿化。

（1）校园出入口至教学楼前通常是校园绿化美化的重点

在校园门口或教学楼前设置小广场、树池、花坛、水池及雕塑等来突出校园的特色，美化校园环境；可以在入口主道种植绿篱、花灌木，以及树姿优美的常绿乔木，使入口主道四季常青。

（2）主体建筑周围的绿化

主要是为了在教学楼周围形成一个安静、清洁、卫生的环境，为教学创造良好的条件，其布局形式要与建筑相协调，方便师生通行，多规划成规则式布局，还要注意教室通风、采光的需要，靠近建筑的地方不应该种植过高的乔灌木，以免影响光线和通风。

（3）体育运动场

是学生进行体育锻炼的主要场地，容易形成喧闹、嘈杂的环境，所以运动场和教学主体建筑要有一定距离，两者之间用树木组成紧密型的树带，以免影响正常的室内教学。场地周围绿化以高大浓荫乔木为主，可利用季节变化显著的树种，如榉树、枫香、乌桕、五角枫等，使场地随季节变化呈现出不同景色。场地周围尽量少种灌木，以留出更多的活动空间。

（4）校园道路绿化

以乔木为主，形成一定的遮阳效果，可以点缀一些常青树和花色艳丽的花灌木等，树种丰富些，可以考虑挂牌标明树种及其价值等。学校周围绿化常采用常绿树和落叶树相结合，乔木与灌木混合栽植，形成了一定的绿篱，以减少噪声，给学校一个安静的学习环境。

中小学绿地规划设计要点：

（1）校前区绿化标志集散区，常绿植物占大比例，注意景观和行道树设置。

（2）教学科研区安静优美，布置花坛、草坪、雕塑小品等，要有简洁开阔的景观设计，注意四季色彩。教学楼附近绿地规划要注意通风采光，方便师生行走3

（3）运动场以高大落叶乔木为主，种植形态优美、色彩艳丽的树种．注意隔音效果，

（4）道路绿化以遮阳为主；学校周围注意用绿篱或乔灌木林带隔离。

3. 大专院校绿地规划设计

大专院校是培养具有一定政治觉悟，德智体全面发展的高级人才的园地，通常都有很大的面积，安静清幽的环境，丰富活泼的空间。当代大学生又具有明显的特点：他们正处于青年时代，其人生观、世界观正处在树立和形成期，各方面正逐步走向成熟；大学生们朝气蓬勃，思想活跃，精力旺盛，可塑性较强，又有着个人独立的见解；并掌握一定的科学知识，具有较高的文化修养，思维和判断力都很强；因此，校园环境设计在满足基本的使用功能后，更应注重构思和表现主题的含蓄性。同时，还应特别注重学校本身所具备的特有的文化氛围和特点，并贯穿到环境设计中去，从而创造出不同特色的校园环境。良好的校园环境可以给（师生们）提供必要的物质条件，更能够给他们提供不可或缺的精神条件；所以，校园绿地规划的作用都是不言而喻的。

（1）校园绿地规划设计的原则

①以种类丰富的园林植物为主

充分利用园林植物的特点，创造校园绿色空间，在绿中求美，保护和改善校园环境。如果在校园绿地面积较大的情况下，可以考虑选用一些枝干具有观赏型的花木，设计一些知识型、趣味型的小块绿地，或者建造一些专类花园。在设计中要注意做到适地适树和对乡土树种的使用，提高绿化的成功率。还要考虑到乔灌草相结合，一般以乔木为主，灌木为辅．常绿与落叶相结合，通过不同品种花木的配置形成层次鲜明的校园景观，达到夏季郁郁葱葱，冬季又有景色可观的目的。

②注意环境的实用性、可容性、围合性

争取能够创造具有依托感的氛围：凡是能形成一定围合、隐蔽及依托的环境，都会使人渴望滞留其中，使师生在充满温馨而又实用的校园环境中感到轻松，得到休息。设计一些适合小集体活动的场所，为学生提供相互沟通和交流的平台。

③注意点、线、面相结合

形成一个有机整体：点是景点，线是校园道路，面就是校园绿地，设计应考虑三者之间的相互补充和依托，使校园内景色和谐完美，形成一个统一的有机整体。

④设计层次丰富的校园空间

多层次的校园空间供学生、教师学习、交往、休息、娱乐、运动、赏景和居住。通过环境的塑造，体现校园内的文化气息和思想内涵。

⑤建造适当的校园园林小品

园林小品的设置使环境更具有实用性，可以通过小品使校园内充满教育意义和人情味、亲切感以及鲜明的时代特征。

（2）各个分区绿地规划设计大专院校都有明显的分区

通常可以分为：校前区、教学区、行政及科研生产区、文体区、生活区。设计前，要了解用地周围的环境和校园总体环境规划对该区的定位。校园内不同的功能区对环境的要求有所不同，如入口区和教学区讲究严整的秩序性，而生活区则比较强调活泼生动。掌握上述特征，就可以使方案构思有章可循，紧扣主题。同时，要因地制宜，传承学校风貌。校园休闲绿地设计应注重充分利用现有自然条件形成自身特色，在满足功能的同时又使学校环境个性非常鲜明。各类分区绿地规划设计应各有特色，又要与整个校园风格保持一致。

①校前区

校前区是学校的门户和标志，它应该具有本校园明显的特征。该区绿化应以装饰性为主，布局多采用规则而开朗的手法，以突出校园的宁静、美丽、庄重、大方的高等学府气氛。

教学楼周围绿地规划设计，实验楼周围绿地规划设计，图书馆周围绿地规划设计。这里应该强调安静，体现庄严肃穆的气氛。教学区环境用教学楼为主体建筑，环境绿地规划布局和种植设计形式要与大楼建筑艺术相协调、现在多采用整齐式的布局，因此在不妨碍楼内采光和通风的情况下，要多种植落叶大乔木和花灌木．以隔绝外界的噪声。为了满足学生课间休息的需要，教学楼附近可留出一定数量、面积的小型活动场地。

②实验楼

周围的环境。应根据不同性质的实验室对于绿化的特殊要求进行，重点注意防火、防尘、减噪、采光、通风等方面的要求，选择适合的树种，合理地进行绿化配置。如在有防火要求的实验室外不种植含油脂高及冬季有宿存果、叶的树种；在精密仪器实验室周围不种有飞絮及花粉多的树种；在产生强烈噪声的实验室周围，多种枝叶粗糙、枝多叶茂的树种等等。

图书馆周围的环境，应以装饰性为主，并且应有利于人流集散。可用绿篱、常绿植物、色叶植物、开花灌木、花卉、草坪等进行合理配置，以衬托图书馆的建筑形象。周围还可以规划一些校园小品，创造多种适合学生学习、活动的场地。

③行政及科研生产区

行政区是校园里的一个重要场所，不仅是行政管理人员、教师和科研人员工作的场所，也是学生集中活动之处，并成为对外交流和服务的一个重要窗口。因此行政办公区环境绿地规划如何，直接关系到学校在社会上的形象。

行政区的主体建筑一般是行政办公楼或综合楼等，其环境绿地规划设计要与主体建筑艺术相一致。一般多采用规则式，以创造整洁而有理性的空间环境，使师生在工作和学习当中达到心灵与环境的和谐。植物种植设计除了依托主体建筑、丰富环境景观和发挥生态功能以外，还要注重艺术效果，在空间组织上多设开放空间，创造具有丰富景观内容和层次的"大庭院"，给人以明朗、舒畅的景观感受。在靠近建筑墙体的地方种植一些攀缘植物，进行墙面的垂直绿化，同样也可以产生较好的环境绿化美化效果和生态功能。

④文体区

文体区绿地规划设计主要包含校园活动中心环境规划设计和体育活动中心环境规划设计。该区在学校占有十分重要的地位，是学生主要的休闲、活动、娱乐、学习和交流的场所。

校园活动中心一般多设在校园绿化景区的中心位置，其绿地规划设计．主要是结合周围大环境考虑．以交通方便，环境优美，有着亲切宜人的气氛为宜，注意与学生居住区和教学区的联系。校园活动中心的环境设计要设置一些校园景观小品，提高师生学习、交流的氛围。由于这里是师生室外活动的主要场所．在植物配置方面，应当选用相对易于管理的树木和草坪品种，树木以体形高大，树冠丰满．具有美丽色彩的乔木为主。校园休闲绿地非常注重方案的构思立意，好的设计往往以形表意，将积极、进取的思想融入方案中，实现寓教于环境的目的。从平面构图开始，方案设计就应注重紧扣主题。其次，小品运用和景点设置也要为主题服务，如常采用名人雕塑、刻名言警句、营造带有启迪和教育意义的景点等。

体育活动中心的环境规划设计相对于其他的环境设计较为简单，首先其规划设计要远离教学区，靠近学生生活区。其次要注意周围的隔离带规划设计和各个场地的隔离设计。这样有利于学生就近进行体育活动，另一方面可以避免体育活动对其他功能区的影响。体育活动中心周围的植物配置应以高大乔木为主，提高遮阳和防噪效果。网球场、排球场周围常设有金属围网，可以种植一些攀缘植物，进行垂直绿化，进一步美化球场环境。草坪通常以耐阴、耐践踏草种为主，如狗牙根、结缕草等。

体育馆周围的绿地规划设计应该布置得精细一些，在主要入口两侧可设置花台或花坛，种植树木和一二年生花草，用色彩鲜艳的花卉衬托体育运动的热烈气氛、

⑤生活区

大专院校内为方便师生学习、工作、生活，往往有各种服务设施。但主要是以宿舍区为主。宿舍区的环境规划设计应该充分考虑学生以学习、休息为主。周围要求空气清新，环境优美、舒适，花草树木品种丰富。注意选用一些树形优美的常绿乔、开花灌木，使宿舍周围四季均有景可观，为学生提供一定的室外学习和休息的场地、因此在楼周围的基础绿带内，应以封闭式的规则种植为主。其余绿地内可适当设置铺装场地，安放桌椅、坐凳或棚架、花台及树池。在场地上方或边缘种植大乔木，既可为场地遮阳，又不影响场地的使用，保证了绿化的效果。

生活区环境规划设计多采用自然绿化的手法，利用装饰性强的花木布置环境、还可以考虑在生活区开辟一些林间空地，设置小花坛，留一定的活动场地等。生活区内通常还有超市、邮局、报亭等，要充分地考虑其环境规划设计的要点，让其有明显的绿化特点。

大专院校绿地规划设计要点：

（1）绿地空间丰富、集中、方便使用，创造多种适合于学习、活动的绿地场所。

（2）教学区周围绿地要与建筑主体相协调，提供一个安静、优美、适宜学习的绿色空间。

（3）校园主楼前广场绿地突出学校特色，结合教学要求进行绿地布置。

（4）运动场和校园其他建筑之间要注意林带分隔。

（5）校园应设置雕塑，可对学生起到很好的教育作用。

二、医疗机构绿地规划设计

医疗机构绿地主要是指医疗机构用地中供患病者、康复期患者及亚健康人群治疗与休养的室外公共绿地，其主要功能是满足患者或疗养人员游览、休息的需要，起着治疗、卫生和精神安慰的作用，同时可以利用一些天然的疗养因子，达到预防和治疗疾病的目的，给医疗机构创造一个安静优雅的绿化环境。

1. 医疗机构的类型及其规划特点

（1）医疗机构的类型

①综合型的医院一般设施比较齐全，包括内、外科的门诊部和住院部。

②专科医院主要是指只做某一个或少数几个医学分科的医院，例如口腔医院、儿童医院、妇产医院、传染病医院等。

③休、疗养院主要是指专门针对一些特殊情况患者的医疗机构，供他们休养身心，疗养身体的专类医院。

④小型卫生所主要是指一些社区、农村的小型的医疗机构,医疗设施相对较为简单。

（2）规划特点

综合型的医院和专科医院由多个使用功能要求不同的部分组成,在对其进行总体规划时,要严格按照各功能分区的要求进行。通常可分为医务区和总务区两大组成部分,医务区又可以分为门诊部、住院部、辅助医疗等部门。门诊部是接纳各种患者、诊断病情、确定门诊治疗或者住院的场所,以方便患者就诊为主要目的,通常靠近街道设置,另外还要满足医疗需要的卫生和安静的条件;住院部是医院重要的组成部分,要有专门区域,设置单独出入口,要求安排在总体规划中卫生条件最好,环境最好的地方,以保证患者能安静地休养,避免一切外界的干扰和刺激;辅助医疗部门主要是由手术部、药房、化验室等组成,一般是和门诊部、住院部相结合设计。总务区属于服务性质的地方,包含厨房、洗衣房、锅炉房、制药间等.一般设在较为偏僻的地方.与医务区既有联系又有隔离。行政管理部门可以单独设立,也可以与门诊部相结合设置,主要针对全院的业务、行政和总务管理。

休、疗养院的规划一般要求周围的环境条件较好,通常设置在风景区内。根据周围具体的环境进行总体规划,主要是给疗养人员提供良好的休养环境。小型卫生所的规划更为简单,因为它主要是针对某个范围内的人群设立的,通常只有几间房屋,周围设计一些小块的绿地就可以满足要求。

2. 医疗单位绿地规划设计原则

医疗机构中的园林绿地.一方面可以创造安静的休养和医疗环境,另一方面也是医院卫生防护隔离的地带,对改善医院的周围环境有着良好的作用,如调节小气候、降低噪音、阻挡灰尘、调节湿度、杀灭细菌等。通常医院中的绿地面积占总用地面积的 50% 左右,个别医院的绿地面积可能更大些,如疗养院、精神病医院等。

医院的绿地布局根据各组成部分的功能要求有所不同,其绿地也有不同的布局形式,通常可以分为门诊区绿地、住院区绿地、辅助医疗及总务区绿地及外围绿带等。

（1）门诊区绿地

门诊区一般位于医院的出入口的位置,人员流动比较集中,靠近街道,是医院和城市街道的结合区域,需要有较大面积的缓冲场地,形成开朗的空间。门诊区绿地规划设计的主要目的是满足人流的集散、候诊、停车等多种功能,还要体现医院的风格与风貌。因此,门诊区绿地的设计应该重点装饰美化,做到与城市街景相协调,可以设置一些花坛、花台等,条件较好的地方还可以设置喷泉和主题性雕塑,形成开朗、明快的格调。喷泉的水流还可以增加空气中的湿度,提高疗养功能。入口场地的周围可以种植整形绿篱、开阔的草坪、花开四季的花灌木,以提高门诊区的景观效果,但是色彩不宜过于艳丽,以常绿素雅为宜。场地中还要稀疏种植一些高大乔木,设置一些坐凳,供患者休息,但是要注意保持门诊室的通风和采光,一般高大乔木应在门诊室 8 m 以外的地方种植。医院临近街道的围墙通常采用通透式,让医院内部的绿地草坪与街道上的绿化景观交相辉映。

（2）住院区绿地

住院区一般在医院环境最好、地势较高、视野开阔的位置。住院区内绿地规划设计的主要目的是为患者提供良好的室外活动场地，保健和净化空气，促进患者康复，还有一定的隔离作用，避免不同区域的相互影响。所以，在住院楼的周围绿化要精心设计，在住院楼的向阳面可以因地制宜布置小游园，为住院患者提供休息疗养的室外场所，园中的道路起伏不宜太大，不宜设置台阶踏步等，应该充分考虑患者的使用方便。中心位置还可以布置小型广场，点缀些水池、喷泉等园林小品，广场内应多设置一些坐凳、花架等，方便患者休息，也是亲属看望患者的室外接待处。这种广场还可以兼作日光浴场、空气浴场等。

住院区的植物配植应有明显的季节性，使长期住院患者能感到自然界的变化，季节变换的节奏感宜强烈些，使之在精神、情绪上比较兴奋，从而提高药物的疗效。常绿树与花灌木应保持一定的比例，树种也可丰富多彩些，可以多种植一些药用植物，使植物种植与药物治疗联系起来，增加药用植物知识，减弱患者对疾病的精神负担，有利于患者的心理辅疗。住院楼的周围不宜采用垂直绿化，以免影响室内的卫生环境。整个住院区内的绿地，除铺装地外，都应该铺设草坪，以保持环境的清洁卫生和优美。

另外，一般患者与传染病患者不能共同使用一个花园，以避免相互接触传染。因此，在住院区内应该考虑分设不同的花园供一般患者和传染病患者分别使用；两者之间应设一定宽度的隔离地带，隔离植物宜选用杀菌作用良好的植物。

（3）辅助医疗及总务区绿地

除总务部门分开以外，辅助医疗一般常与住院门诊部组成医务区，不另行布置。厨房、锅炉房等杂务院可以单独设立，周围用树木作隔离。医院太平间、手术室用有专门的出入口，应在患者视野之外，有良好的隔离绿带，特别是手术室、化验室、放射科等地方，周围应绿化，但是要避免种植有花絮和绒毛的植物。

（4）外围绿带

医疗机构的外围绿带通常是防止周围的烟尘和噪音对医院的影响，起到隔离外部干扰的作用。外围绿带的设计一般相对简单些，通常采用乔、灌、草相结合，密植10～15 m 的防护林带。

医疗机构的绿化，除了考虑其各部分的使用要求外，其庭院绿化还要起到分隔的作用，保证各区之间不相互干扰。总之，医疗单位的绿化，在植物种类选择上，应多选用有杀菌能力的树种，并应尽可能结合生产，在绿带中可选用经济树木，在树下或花坛中种植药用植物，使医院绿化既美观又实用。

3. 特殊医疗机构的绿地规划

（1）儿童医院

主要接收年龄在14周岁以下的生病儿童。在绿地设计中要注意安排儿童活动的场地和儿童活动的设施，其外形、色彩、尺度均要符合儿童的心理需求。树种选择要尽量避免种子飞扬、有异味、有毒、有刺的植物以及易引起过敏反应的植物。局部还可以布置一些图案式的装饰和园林小品。良好绿化环境和优美的布置，可以减弱儿童对疾病和医院的恐惧感。

（2）传染病医院

主要是接收有急性传染病、呼吸道系统疾病的患者。此类医院周围的防护绿带特别重要，一般外围应该设置宽度达到 30 m 的隔离绿带，并要保证常绿树木的数量，考虑冬季仍有防护效果。在不同病区之间用密林、绿篱隔离，防止不同疾病的患者交叉传染。室外要设置一些活动的场地和设施，给患者提供良好的活动条件。

三、体育场馆绿地规划设计

大型的公共事业单位，如高等学校，一般都设有体育功能区，主要是供广大青年学生、教职工开展各种体育健身活动。各个城市内部通常也设有体育健身的场馆，主要是为广大市民提供运动健身的场所。体育活动场馆外围常用隔离绿带，将之与其他区域分隔开来，以减少相互之间的干扰。

1. 体育场馆用地组成

体育场馆的用地一般根据不同的体育运动来做相应的划分，通常包括：体育馆建筑用地、各种球场用地、训练房、游泳池等，其中各类球场用地包含了足球场兼作田径场的区域和篮球场、网球场、排球场等。

2. 体育场馆绿地规划

体育场馆的绿地规划首先要根据体育场馆的总体规划进行，形成一个有自身特色的绿地规划布局；其次，各个分区的绿地规划要根据总体的绿地规划风格进行，但是不能一味地雷同，还要形成自己独有的绿地规划风格；第三，规划中植物的配置要注重乔、灌、草三者之间的结合使用，用来形成立体的绿地规划系统。

3. 体育场馆绿地设计

体育场馆的绿地一般根据各个分区的具体要求进行设计．通常包含各类球场的绿地设计、游泳池周围的绿地设计、体育建筑设施周围的绿地设计等、

（1）各类球场的绿地设计

各类球场包括了篮球场、排球场、网球场、足球场等。篮球场、排球场周围主要种植高大挺拔、分枝点高的大乔木，以利于夏季遮阳，给锻炼者提供休息的林荫空间。不宜栽植带有刺激性气味、易落花落果或种毛飞扬的树种。树木种植的距离是以成年树冠不伸入球场上空为标准，树木下面可以设置坐凳，供人休息、观看比赛。林下草坪的铺设，要注意草种的选择，要求能耐阴、耐践踏。网球场和排球场周围通常设置金属围网，可以考虑在围网上面进行垂直绿化，例如种植茑萝、牵牛花、木通等攀缘植物，进一步美化球场环境。

足球场同时又是田径场，场地周围跑道的外侧可以种植一些高大乔木，方便运动员在运动间隙休息蔽荫，如果设置看台，则必须将树木种植在看台的后面以及左右两侧，以避免影响观看比赛。场地内部的草坪，由于使用较为频繁．必须选用耐践踏的草种，如选用狗牙根、结缕草等进行场地草坪的铺设。

（2）游泳池周围的绿地设计

游泳池周围的绿地上种植的植物宜选用常绿的乔木为主，防止落叶飞扬，影响游泳池的清洁卫生，也不宜选用具有落花、落果、有毒、有刺的植物。在远离水池的地方可以适当地种植一些落叶或者半常绿的花灌木，结合了外围的隔离绿带进一步美化游泳池的周边环境。

（3）体育建筑设施周围的绿地设计

主要是指体育馆周围的绿地，在体育馆大门的两侧可以设置一些花坛或花台，种植一些色彩艳丽的花灌木衬托体育运动的热烈气氛。绿地的地被植物可以使用麦冬、红花酢浆草、络石等或者铺设草坪、

各种运动场地之间可以使用一些花灌木进行空间的隔离，减少相互之间的干扰。还要考虑体育运动给绿地带来的损坏，及时对损坏部位进行修复，使之快速恢复生长，而不影响整个环境的绿色景观效果。总之，在不影响体育活动的情况之下，尽量提高体育场馆的绿化率，进一步美化体育场馆的绿地环境。

四、博物馆、展览馆、图书馆等绿地规划设计

博物馆、展览馆、图书馆等都属于公共场所，主要是广大市民、游客参观、游览和学习的地方，人流比较集中，针对性较强。其绿地规划设计根据不同的场地，设计形式也有所不同。

1. 博物馆、展览馆、图书馆等绿地构成及功能特征

博物馆、展览馆、图书馆的绿地组成主要是其周围的外部空间绿地，内部绿地很少，或者是没有。外围的绿地功能主要是为广大市民和游客创造一个相对良好的游览、学习场所，便于人员的集散，提供休息的空间。

2. 博物馆、展览馆、图书馆等绿地设计

博物馆的绿地要注意博物馆本身的性质，也就是陈列物品的种类、时代等，根据这些东西，再结合其建筑主体的风格而设计。博物馆的人员流动比较集中，多是一些参观游览的人员，绿地设计时要考虑人群的集散，通常在博物馆门前设置小型的广场，周围种植高大乔木，配置一些花草灌木，形成一个绿色的空间景观。植物种植和选种还要考虑博物馆的通风和采光，保证游客的正常观赏和物品的保存。

展览馆比较灵活，因为其展览的物品经常发生变化，观赏人群也经常改变。其绿地的规划设计一般是总体上采取以不变应万变的形式，局部地方可以采用可移动的绿化景色，如一些花盆、花架等。设计时还要考虑游览人员休息空间的设置，给游人创造美好的观看展览的环境。展览馆通常要开辟出一块场地，方便去展览物品的运送，可以在其周围设置一些整形过的绿篱作为隔离带。

图书馆绿地设计和前两者有所不同，因为图书馆的绿地要考虑为其使用者提供一些看书、学，习的场所。图书馆周围绿地的设计以围绕图书馆建筑为主，创造一个安静、优美的场所。在周围种植一些大乔木，下面设置一些坐凳，布置一些花坛、花架

等，图书馆绿地周围要注意设计一点隔离带，避免外界对图书馆内部形成干扰。有条件的地方，可以在图书馆内部设计小型的庭院绿地，做些园林景观小品．增加图书馆绿地的景观效果．给图书馆增添魅力，提高了人气。

第三节　行政办公及研发机构绿地规划设计

一、行政办公机构绿地规划设计

行政办公及研发机构主要是指一些行政管理部门（如市政厅）。这些部门的绿地通常都是为了美化环境，消除外界干扰，提高工作环境，为内部人员提供休息、娱乐的场所而设计的。由于行政部门的类别不同、大小不同，大到国家政府机关，小到局属机关，因此，其绿化形式和绿化投入各不相同，但是绿地规划的设计原则基本上是一致的。

1. 绿化为主，突出重点

在普遍绿化的基础上，要突出单位自身的绿化特点和风格，应在重点部位重点装饰。特别是入口及主要办公楼前，应突出绿化管理水平和特点，衬托出自身的形象。

2. 为行政办公人员提供良好的室外休息活动的环境

行政办公人员一般都在办公室内长时间的工作，休息之时大多是到室外调节放松一下，这时良好的室外环境就显得尤其重要。

3. 布局合理，联成系统

行政办公机构的绿地规划要纳入总体规划中去，规划时要注意点、线、面的有机结合，使其各部分绿地有机地联系在一起，提高审美和实用价值。

行政办公机构的大门入口是其形象的缩影，入口处的绿地设计是重点之一，绿化设计的形式要与大门的形式及色彩等统一考虑，形成自己的特色风格。一般大门两侧采用规则式种植，树种以树冠整齐、耐修剪的常绿树木为主，最好与大门的高矮形成反差，以示强调。周围的围墙尽量采用通透式，采取垂直绿化，使得墙内外绿化形成一体。

行政办公楼绿化的规划设计通常以封闭型为主，主要对办公楼起装饰和衬托作用。装饰性绿地最好以草坪为基调，上面可以种植一些珍贵的、树形舒展的开花小乔木以及开花繁多的花灌木。要注意树木的种植位置不要遮挡建筑的主要立面，而且树形应与建筑相协调，以衬托和美化建筑。楼前的基础种植从功能上看，能将行人与楼下办公室隔离，保证室内的安静从环境上看楼前的基础种植是办公楼与楼前绿地的衔接和过渡。因此，植物种植宜简洁、明快，多用绿篱和较整齐的花灌木，以突出建筑立面及楼前装饰性绿地，并要注意保证室内的通风及采光。

若是行政办公机构内部有较大面积的绿地，还可考虑设计一个庭院绿地，并结合其机构的性质和功能进行立意构思，使庭院富有个性。因此，绿化时要做到体现时代气息和地方特色，植物选择要做到适地适树，植物配置要错落有致、层次分明、色彩丰富。总之，要通过绿地设计为行政办公人员提供幽雅、清新、整洁的工作和休息环境。

二、研发机构绿地规划设计

研发机构通常是一些搞科研开发、新产品研发的机构单位或部门。这些机构单位的绿地规划设计目的一般是要为科研开发提供良好的环境，为科研人员提供良好的室外休息和活动场所。科研机构周围的绿地设计，要提高周围的环境质量，注意设置防尘净化绿带，种植树冠庞大的树种，阻滞粉尘，减少空气的含尘量；机构主体建筑要求自然采光良好，乔木要和建筑保持一定的距离。树种的选择要以无飞絮、无异味、无种毛的树种为佳。总之，科研机构的绿地规划设计就是要保证科研开发的良好的环境，给科研人员一个舒适休息环境、

三、软件园绿地规划设计

软件园是随着科学技术的发展而出现的新型工业园地，是发展软件产业的综合体，以生产知识和信息产品的产业活动为主要内容，用精密的创造性智力劳动为主要特征的新的科技工业园区。

软件园的绿地规划设计主要是为新兴的产业发展提供良好的生产环境，为在里面的工作人员提供良好的休息和活动场所。软件园内部的绿地设计要与体现软件产业的快速发展相结合，体现出软件园的绿地规划特色，与软件园的总体规划相统一，与周边环境相协调．达到最佳的绿地景观效果。

软件园的植物配置要求不能影响内部产业的正常运转，以防污染，防尘．降低噪音的树种为主，常绿树种和落叶树种相结合，点缀一些花灌木进行立体绿化。园区内部通常设有一些小型的游园，设置一些花坛、花台、小型的雕塑和喷泉等园林小品，再设置一些坐凳，以方便工作人员利用工作间隙到里面休憩、游玩及放松紧张的工作情绪。

软件园的绿地规划设计作为一种新出现的城市附属绿地，还有许多方面有待完善和提高。

第四节　酒店宾馆、商业设施绿地

一、酒店宾馆绿地规划设计

酒店宾馆是供国内外游客住宿、就餐、娱乐和举行各种会议、宴会的场所，而宾馆庭院绿地则是星级宾馆最重要的组成部分之一。它为中外游客提供幽静、舒适的生活和休憩场所，从而形成花园式现代化的空间环境和高质量的生态园景观。在创造丰富空间景观的同时，也要满足人员与车辆的频繁出入、停车、商务活动及短期休憩等多功能的要求。

1. 酒店宾馆绿地组成及其特点

酒店宾馆庭院依其所在区域可以分为室内庭院和室外庭院两部分，其绿地组成大体上也可以分为室内庭院绿地和室外庭院绿地。宾馆庭院绿地的功能特点主要是为中外游客提供休息的空间，创造绿化景观，使宾馆主体建筑及附属建筑与绿化融为一体，环境幽雅、景色宜人，吸引国内外宾客慕名而来。

2. 酒店宾馆绿地设计

酒店宾馆绿地总体规划设计宜疏密相间、大小结合，既要有清新开阔的大草坪，又要有小巧玲珑的专类园。绿化布局适宜简洁开阔，乔、灌、草和色彩艳丽的花卉相结合，形成一个立体的绿地景观效果。在植物造景的同时，既要满足植物与环境生态适应性上的统一，又要通过艺术构图原理体现出植物个体及群体的形式美及游客在欣赏时产生的意境美。

酒店宾馆的室内庭院绿化主要是要强调植物造景的效果，利用不同的植物组合、层次，使之与四周景物融合而构成理想的景观画面，在场地允许的条件下，还可以增加一些水景效果。室内庭院的绿化配置除着重平视效果以外，还需要特别注意其景观俯视的效果。

酒店宾馆的室外庭院绿地设计要考虑酒店的门户风格，利用借景和障景的手法，借取周围可以利用的景色，使绿化空间延伸扩大。整体绿化布置要为宾馆建筑创造良好的环境，有条件的可以考虑屋顶花园绿地的设计，使之成为宾馆盈利的一部分，为旅客提供活动的场所，如开办露天歌舞会、茶座等，并且为宾馆环境增添魅力。

二、商业设施绿地规划设计

商业设施绿地主要是集室内、室外环境于一体的综合性活动场所，它为各种商业活动提供公共社交空间，提供既完善又丰富的景观设施，集购物、娱乐、休闲为H*，把生活中必要的购物活动变成愉快的休闲享受。商业设施绿地建设应立足商业环境的设计，使之成为商业中心区鲜明的标志物。根据国外对商业宣传的经验，吸引注意、引起兴趣、刺激欲望、加深印象、鼓励购买是促使人们从外部激发到实现购买的整个过程。商业设施绿地的设计与建设，就是为了更好地辅助商业经营者完成这一过程，在为消费者提供服务的同时，也满足了商家的经营需要。

商业设施绿地的景观形态特征应以商业建筑为主，强调人和商品的交流；在景观设计上应突出商业主题，以利于吸引人流驻足观看。考虑到现代城市中，人们对自然环境的渴望，在景观设置的过程中，不能忽视对自然因素的利用，如树木、花卉、草坪等；但在造型与布置方面，可考虑与商业性结合，展现自身特色。与其他绿地的另一点不同在于广告设计也是商业设施绿地的重要内容，在景观设计中应综合考虑。广告的形式、广告的内容都可丰富广场景观，从而创造出别具一格的商业文化。结合景观设计，创造新颖多样的广告载体，更好发挥广告的标识作用，进一步加强绿地的商业氛围，提高了绿地的文化品位。

第八章 公园绿地园林景观设计

公园绿地为现代城市居民提供了游憩、娱乐的场所和优美的文化生活空间。公园绿地中植物的色、香、味、形丰富多彩，在改善城市生态环境、调节净化空气的同时，又把大自然的植物美融入城市人文生活当中，形成了城市中的"绿洲"。公园绿地植物造景的配置应遵循调查与分析的手法，探讨如何为公园绿地营造优美的植物景观，如何运用艺术手法配置和表现植物景观。

公园绿地植物造景是城市景观设计中科学性与艺术性两个方面的结合与高度统一，既要满足园林植物与环境在生态适应性上的统一，又要通过艺术构图原理体现出了园林植物个体及群体的形式美及人们在欣赏时所产生的意境美。

造景植物种类应根据不同的园林植物及其不同的生长习性和形态特征进行选择。植物配置时，要因地制宜，因时制宜，首选乡土树种，优化选择适合区域内生长的特色树种，尽可能满足园林植物正常生长，充分地发挥其观赏特性。

第一节　综合性公园植物造景

一、综合性公园植物造景的特点与种植原则

综合性公园是城市绿地系统的重要组成部分，也是城市环境建设主体。植物性景观元素在综合性公园景观体系中具有主导性。

（一）造景特点

（1）景观用地规模较大，植物元素多元化并存。

（2）人流量大，植物观赏性强。

（3）多功能空间分割较多，乔木、灌木、花草搭配表现复杂且形式多样。

（4）植物景观与其他景观要素相互搭配结合，在公园环境中占据主导地位。

（二）种植原则

1. 还原自然生长环境的原则

尽可能模仿自然生长习性，根据植物习性和自然界植物群落形成的规律，还原自然界植物群落的生长形态，使植物造景兼具自然美与艺术美。

2. 植物多样性搭配、统一性原则

在植物种类组织设计时，植物造景应注重体现植物的多样性特色，相互组合配置，形成景色各异的植物组景，注意植物搭配要丰富而不杂乱，避免一味追求植物数量而忽略了比例的协调，要体现主题，尽可能多地运用观赏性强的植物种类，同时还得展现植物造景的韵律美与形式美。

3. 坚持生态性、适地适树原则

植物造景时应合理搭配各植物群落之间的关系，充分考虑植物生长的生态特征，最大化利用特色植物的观赏形态，充分发挥乡土树种生长优势，适当引种外来树种，合理组合，形成观景效果稳定而又具有人文美感的景观场景。

4. 原生态与艺术性结合的原则

植物造景配置应避免单纯的绿色植物的堆积，很多景观设计人员认为生态就是植物越多越好，认为单纯地还原植物原生地的生长特征，纯粹的粗放栽植，就叫生态，其实不然，生态与艺术的结合不是简单地栽植，而是要经过艺术与设计的推敲，得出合理造景手法，在此基础上进行植物的种植，让植物景观源于自然、还原自然而又高于自然。

二、综合性公园植物造景的类型

在综合性公园里，植物元素景观形式在整个园区范围内占有相当大的比例，与其他景观元素共同构成公园景观主体。植物造景设计时要注意植物种类及数量的选择与控制，主次分明，突出主景植物造景的特色与风格。

总体来说，植物造景就是合理组合乔木、灌木、藤本、花卉及草本植物来营造植物景观，利用植物本身的外观形态，结合植物独有的色彩、季相变化等自然美，创造极具植物美的空间环境，为游人提供游览观赏的场所。在西式园林，如法国凡尔赛宫花园、意大利埃斯特庄园、美国加州德斯康索花园、英国霍华德庄园、德国杜伊斯堡风景公园等各国的园林中，植物造景多半是规则式的，给游人庄严、肃穆、安静的感觉。规则式植物造景的植物多被整形修剪成各种几何形体及动物造型，应用人的精神与视觉审美，打破植物自身生长下的形态特征，仿造自然界的各种形态，展现植物造景的另一种美的形态。在总体设计上规则式植物造景的造型植物多修剪成又高又厚的绿色植物墙；水池两侧修剪成圆柱形或方体；道路的平行线上种植冠型整齐的高大乔木；草地上铺设各种模纹的造型图案。另一种则是自然式的植物景观，如北京的颐和园、上海的豫园、广州的余荫山房、苏州的拙政园等都是模拟自然的林地、山川、江河水系景观，甚至是农村的田园风光，结合原有的地形、水体、道路来组织创造植物景观的。自然式植物造景尽可能还原生态自然的植物景观特色，创造优美舒适的生活环境．营造更加适合于人类生存所要求的生态环境。

在造景形式上，综合性公园植物多以规则式与自然式并存。

（1）规则式植物

多分布在主轴线、广场、道路等地方，造景手法以造型灌木、绿篱及观花小乔木或大乔木组合为主。花灌木有时候会组合成模纹图案分布在比较开阔的位置，大乔木多以行列或阵列的形式排布种植，空间序列上以对称式为主，树木多被整形修剪。

（2）自然式植物

造景的线形多采用弯曲的弧线形，依据地形高差的变化、水系驳岸曲折的自然形态而进行植物搭配，形成接近自然的生长形态，更好地表现出植物在自然状态下生长的生态特色。植物搭配应做到疏密有致、高低错落，运用孤植、丛植、散植、片植多形式组合，色叶植物与绿色植物相互映衬，做到了"意在山水，置身自然"。

三、综合性公园植物造景设计的功能特征

在公园绿地系统中，植物造景分布在不同的功能区域，造景手法与植物种类也会因此有所差别，进而表现出不同的景观特色。

（一）引导作用

综合性公园植物造景多以常绿或高大乔木为主，分布于道路两侧及广场周边，树种相对单一、整齐：树种具有分支点较高、通透性好等特点。

道路绿化多选择景观性强、观赏价值高的植物，合理配置。各路段绿带的植物配置相互配合，一道一树，注意道路绿化层次变化，充分表现出道路绿化的标志性与绿化的隔离防护功能。公园里的道路绿化的主景树多选择树形高大、枝冠丰满的乔木．底部种植绿篱、草坪，还可以栽种各种花卉，如鸢尾、麦冬、迎春、月季等观花类植物．形成有节奏与韵律的景观。分车绿带的植物配置应形式简洁、树形整齐、排列一致。

广场绿地布置和植物配置要考虑广场功能类别、规模及空间尺度。广场植物造景具有很强的装饰性，应充分考虑植物与广场环境的关系，多采用病虫害少、无异味、无絮的植物。绿篱、花坛应选用色叶、花及植株整齐一致的植物，植物造景应该配置合理、主题突出、具有艺术性。

（二）生态功能

美化功能是植物景观的最主要功能，通过植物自身的色、香、形来表现植物的景

观特色。同时植物还具有科普功能，不同的植物种类因不同的生长习性，造景时多以群落的形式存在，可以把同类植物设计在一个范围内，形成特有的植物群落特色。植物造景又具有围合性，在营造私密与半私密空间中，植物种类的选择多以常绿树种为主，也可以搭配竹类、攀爬类植物形成了优雅安静的活动空间。

（三）园林特性

公园植物造景具有不同的园林特性，植物具有很强的视觉感，可以让游客触景生情，不同区域的植物设置均有不同的思想表达，所传达的对美的感受也是不同的。例如儿童区及娱乐活动区相对开敞．植物选择上多为落叶乔木和观花乔木为主，搭配以灌木，乔木要选择无刺、无毒、无异味的种类，要求树干挺拔．分支点较高，视野通透；花卉要选择色泽艳丽的种类；灌木可以修剪成动物的造型，以增加趣味性；同时要有供儿童嬉戏玩耍的开敞草坪。老年区及学习区较安静，植物种类以高大乔木、常绿树种为主，形成较为安静的半私密空间。公园绿地植物组合要求植物与建筑、景观小品、假山置石、水体、硬质铺装等有机组合．形成完整的公园景观系统。

四、综合性公园植物造景设计的手法

综合性公园植物造景运用艺术表现的手法进行设计，充分利用自然界不同植物种类的不同特征，从景观平面、立面、竖向进行全方位的艺术构思与对比，最大化表现植物造景的自然美。下面主要以广州云台花园为例，来说明如何在植物搭配上从造型、色叶、花果、体态及比例等方面入手进行植物造景。地处白云山三台岭的云台花园是以世界著名花园 —— 加拿大的布查特花园为蓝本，是全国最大的中西合璧园林式花园，也是一处综合性很强的城市公园。花园有谊园、玻璃温室、醉华苑、岩石园、太阳广场、欧陆风情及东方园林等几大功能分区。

（一）自然式植物造景

云台花园是一个以欣赏四季珍贵花木为主的大型花园，是目前我国最大的园林式花园。自然式造景手法在云台花园中应用广泛，组景随处可见。自然式的植物造景配置手法多选冠形饱满、枝干劲俊、姿态优美的乔木，及不同种类的观花、观叶植物相互搭配，以艺术的构思、技巧进行种植配置。常见的造景配置手法有以下几种。

1. 孤植

孤植树有两种类型，一种类型是在较开阔的广场、草地等位置，人流相对交汇、停留较频繁的地方栽植冠型丰满、枝叶浓密的庇荫乔木；还有一种是选择树龄较长、树形苍穹、优美的孤赏树种搭配景石、小品等景观元素进行配置。综合性公园中单株树孤立种植时，多处在视野开阔的草坪绿地或广场中心及道路拐点的重要位置，与山石、水、天空及其他元素遥相呼应，起到庇护与观赏的作用，并且可以体现单一树种独有的艺术美感。孤植作为园林植物造景的主要形式，充分地发挥单株植物形态美的特点，并常作为植物观赏的主题。如广州珠江公园的榕树，上海辰山植物园的大国槐等。西方园林的孤植树，最典型的要数英国皇家植物园 —— 邱园的孤植树等，淳朴而又回归自然。

2. 丛植

丛植则是指用多株枝叶优美，适合密植的景观树种进行造景，形成了单独的组景，多以观花、观叶的小乔木为主，位置多设置在道路的交汇点、拐角，或者作为景石、亭廊的配景。在植物景观配置应用方面，丛植多以小组团的形式出现，植物种类以竹类、棕榈类、色叶类、观花类等为主，配以其他景观元素，如假山置石、景观小品。丛植在植物造景上多用观赏价值较高的树种或者花卉，发挥和强调植物色、叶、花的自然特性，展现植物的集体美。常用的植物如常绿的竹类、棕榈、桂花等植物；观叶的红枫、鸡爪槭、樱花、梅花等。丛植在造景形式上常作为近景、中景、隔景、障景等，以增加景色的高低层次与表现远近视景的变化。

3. 群植

群植常见的造景手法，是以同种类树种或比较有特色的乔木，搭配灌木或草坪花卉等形成具有较强观赏性的幽静空间。群植在植物种植竖向设计上应该注意高、中、低三类植物层次的组合关系。群植的树木多以林地或者背景墙的形式存在，一般相对高大的植物处在视线尽头。群植可以体现出"三木一林，五木一景"的林地景观特色。

4. 片植

片植也称带植，常用于主景的障景与背景。片植多在公园的尽头或相对安静的区域，以常绿树种或者色叶树种为主。

（二）规则式植物造景

1. 对植与列植

植物造景形式中，对植与列植是公园植物造景的重要形式，要求株距、行距基本一致，对植物的冠型、枝干生长密度以及造型都有特定要求。对植与列植的种植形式多用在公园入口、规则式道路、广场周边或围墙边沿。景观轴线上多为对称式分布。

云台花园园区规则式植物造景的植物以高大乔木、常绿乔木为主，搭配其他植物种类。多选用枝叶茂密、耐修剪、生长迅速的灌木进行搭配，灌木常根据景观效果的需要修剪成球体、方体、流线形等形状。

2. 几何形栽植、图案栽植

在几何形栽植、图案栽植中，植物造型多以花灌木栽植为主，间植乔木。几何形栽植一般要求对称式栽植，植物颜色根据设计要求有变化。图案栽植多采用具有历史文化及民族特色的纹样，应用不同颜色的灌木进行搭配，如黄色系的金叶女贞、金叶莸；红色系的紫叶矮樱、红叶小檗；绿色系的龙柏、女贞、黄杨、卫矛等。在植物造型修剪时应注意高度与宽度的变化。

植物造景应注意营造人与植物的亲近感，协调了游人游览、欣赏之间的关系；注意植物的季相变化带给人的自然美与视觉美；在设计构图时还要合理安排不同植物类别的高低次序、落叶与常绿、色彩搭配及自然式形态和人为造型的关系。

五、综合性公园植物的季相性

在公园植物造景时体现植物四季的季相是造景设计的重要环节,应依据不同植物种类及不同植物季相特色进行合理植物搭配。

植物季相是植物景观的重点表现内容。植物在一年四季的生长过程当中,花、叶、果实、枝干的色彩都会随季节的变化而变化,表现出不同的季相特色。从生长习性上讲植物分为常绿与落叶两大类;从观景角度上讲分为色叶、观花、赏果及树形几类=在造景设计过程中,应充分考虑植物种类搭配,做到科学种植与艺术设计相结合、绿化与美化相协调的原则。如北京的香山红叶,日本的樱花,荷兰的郁金香,美国的红槲都具有典型的季相特征。

我们应该注意的是在不同的气候带,即使是同一种植物.季相表现的时间也会不同,所体现的景观特色也不一样。即使在同一地区,受当年具体气候的影响,也会使季相出现的时间和色彩不尽相同。另外,温度、湿度也会影响植物本身的季相变化,所以进行植物造景设计也要充分考虑地区之间的差异性,尽量最大化地表现出某类造景植物在特定地区所展现的季相美感。南方热带亚热带地区,常年温湿.适合各类植物生长,在季相表现上主要以花、果、树形为主,而北方地区,四季变化鲜明,花、叶、果、枝干都有明显的季节景观性。

植物造景应利用有较高观赏价值和鲜明特色的季相植物进行配置,增强人们对植物季节变化的感触.表现出园林景观中植物特有的艺术效果。植物造景应寻求各类植物四季季相特色变化,在规定的区域突出植物季节交替的变化,运用丛植或者片植的办法,表现植物季相演变及其独特的形态、色彩、意境。如春天观赏玉兰、海棠、牡丹、春梅、桃花;夏天则感受大树的浓荫清凉;秋天欣赏各种颜色的树叶,如火炬树、黄栌、马褂木、栾树、枫香、鸡爪槭;冬天则享受踏雪寻梅的美景。有的植物常年绿色,如松柏类、棕榈类、竹类植物;有的植物一年只有一到两季是最美的,如牡丹、芍药、西府海棠、蜡梅等;还有的植物每个季节都可观赏它自身美景的变化,如火棘、玉兰、银杏、紫薇、梧桐等。常绿植物冇独特的绿叶之美.落叶植物有自己的树形之美.因此为了避免季相单一现象.我们应该将不同季相的树木与常绿植物和花草混合配置.使得一年四季都可欣赏植物的特色。

第二节　纪念性公园植物造景

一、纪念性公园植物造景的性质

纪念性公园具有特殊的地位,有一定的教育意义。纪念性公园多用具有特殊意义的人物、事件等为背景而专门建设,所以植物造景给游客的视觉感受相对比较严谨、肃穆、规整,以常绿、松柏类植物为主。

二、纪念性公园植物造景的手法

植物造景在纪念性公园中具有重要作用及特殊意义，它是构成纪念性公园的重要景观元素。纪念性公园可通过不同的植物造景形式营造特定的景观环境。

（一）拟人化造景手法

植物有象征性作用，在纪念性公园的植物配置中，人们往往将不同植物种类搭配在一起，以植物的生命力来表达特殊的情感。例如，松柏类可以代表生命的延续，万古长青；蜡梅、竹林代表坚韧、清秀；色叶类的银杏、枫树象征永恒、眷恋，能够引发内心深处的思念等情怀。

（二）植物的空间建造与意境表达

在纪念性公园中，不同植物元素具有不同的表现作用，不同区域的植物造景手法与植物种类的选择有一定的关系，对总体布局和空间的形成进行序列的分割。常绿、高大乔木多在纪念性公园的中心位置，形成景观中心衬托主体建筑。而在公园的园林区和边界，植物搭配多采用组合式、自由式造景手法，给人以舒适、自由的感觉。

纪念性公园中常将植物拟人化，利用植物特有的形态和色彩烘托公园的主题和意境，通过设计手法进行植物造景以塑造纪念性氛围，展现纪念性情感，激发游人内心情感的向往。

三、纪念性公园植物造景设计

纪念性公园总体规划具有明显的轴线，在竖向设计之上依据纪念性公园的特性会专门有高差处理。植物种植多以规则式与自由式相结合。

（一）出入口

纪念性公园的大门植物造景一般采用阵列式对称的种植方式，多选用植株茂密、树形整齐的常绿高大乔木作背景，配以灌木、草坪，给人以肃穆、庄严、敬仰的气氛，突出纪念性公园的特殊性。纪念公园出入口一般连接公园主题建筑，两者在同一景观轴线上，因此，植物种植在注意整齐、统一的基调的前提下，还要注意乔木的高度，要凸显出主题纪念雕塑或建筑，衬托纪念人或者事件的地位。

（二）纪念区

在布局上，纪念区常以规则的平台式建筑为主，纪念碑或主体性建筑一般位于广场的几何中心，因此，在造景种植上应与主体建筑相协调，在配置设计上，主体建筑周围以草坪花卉为主，适当种植具有规则形状的常绿树种，衬托出了纪念性公园中心主体的严肃、高大、雄伟之感。

（三）园林区

纪念性公园有激发人们的思想感情．瞻仰、凭吊、开展纪念性活动的功能，同时作为城市公园绿地的一种，还具有供游人游览、休憩、学习和观赏的作用。因此，园林区一般与纪念区有效分割开来。在园林区，植物配置应结合地形条件，按自然式布局，如一些树丛、灌木丛，就是最常用的自然式种植方式。另外，在进行园林区造景设计时在植物种类的选择上应注意与纪念区有所区别，可以结合景石、亭廊、雕塑小品等，营造自由轻松的景观空间。

四、植物造景搭配的表达

纪念性公园的植物选择可根据功能区的性质进行配置．如选择种植松柏类为基调树种并结合树形挺拔的高大乔木以象征伟人的高尚精神品质永垂不朽；带有造型的植物多列植在公园中心干道或纪念馆周边来体现庄重肃穆的纪念性氛围；适当种植色叶、素色观花类植物营造庄严、肃穆、静雅的意境。通过拟人意境的表达，把植物的花开叶落，季相变化赋予生命及信仰的传承。

纪念公园植物造景需注意植物种类的选择，做到景观层次分明、丰富。纪念公园多是开放式空间，出入口多，考虑植物的通透性．整个公园的植物要服从于纪念性的特点，以纪念中心为主体，有重点、有特色地进行设计，形成了完整的公园植物景观系统。

第三节　植物园的植物造景

一、植物园功能设置

植物园植物种类繁多，景观构成复杂，植物种类的搭配要求相对严格，具有较强的科普性与展示型。

植物园的造景设计多按植物的分类区域不同进行配置。植物园的植物分区多分为：专类园区、科研引种驯化区、科普展览温室区、水生植物区、沙漠植物区、藤本植物区、药用植物区、宿根植物区、园艺展示区等区域。

二、植物园植物造景设计的重要性

植物园的植物种类比一般公园的植物种类齐全，为了全面展现植物种类的群落习性，在景观性设计时要尽可能展示同类植物的生长特性。在景观组合元素中植物类元素占有很大的比重，同时植物元素可以充分地表达地域性自然景观，带有很强的指导性与教学性。植物园又具有很强的地域性，每个地区的植物园因为所处的地域不尽相同，所以植物种类会以本地域内的乡土植物占主导，适当引种其他植物，以作为反映园区景观的代表性的元素进行重点设计。植物造景设计，一方面影响并加强公园环境的审美意境，另一方面满足公园的休闲娱乐和实用功能，且响应国家对现代园林城市文明生态发展的需求。

三、植物的种类搭配

1. 乔木类植物

植物园内有许多采用植物名命名的道路，并以命名的植物作为行道树。除此还有许多孤植或群植的乔木，形成自然林地的园林效果，如皂角树、旱柳、榉树、楸树、广玉兰、水杉、枫杨、银杏、白杨、国槐、三角枫、栾树、无患子、梧桐、法桐、桦树及榕树等。

2. 灌木类植物

植物园内采用大量的灌木，与其他种类植物进行配置，力求布局合理、高低结合、单群结合。灌木类植物以底层景观的形式存在。呈现线性、带状、模纹图案等景观特色。其次是色彩上的搭配如金叶女贞、金叶莸、紫叶矮樱、紫叶小檗、红叶石楠、黄杨、金叶小檗、红瑞木等。形态上追求艺术性造型，力求种类繁多、变化丰富，并在变化中求统一。

其他观花类的植物品种有牡丹、月季、榆叶梅、杜鹃、美人梅、碧桃、贴梗海棠、紫荆、紫丁香、金丝梅、蜡梅等，以呈现四季观花的纷繁景象。

3. 草本地被植物

地被植物多以区域片植为主，比较自由，并和植物园的乔木、灌木、花卉等不同分类的植物搭配。地被花卉多为宿根植物，种类繁多，花色艳丽，可以依据这一特点，设计很多图案造型，也可以沿道路周边流线形栽植，形成美丽的色带，结合其他园林景观元素构成意境丰富的空间。

4. 水生植物

水生植物是重要的水景观配景要素，从护坡驳岸到浅滩水系都会有水生植物的存在，疏密有致的种植方式结合栈道、亲水平台、水景雕塑等会形成丰富的水生态景观空间。黄菖蒲、芦苇、芦竹、芦笛、荷花、睡莲、菱角、香蒲等都是配置水生植物的主要种类，可丛植，也可以片植。

5. 温室植物

玻璃温室作为植物园的另一个重点，具有很强的科普性、观赏性。很多植物园为丰富植物的种类，满足植物园的教学特性．都会设置温室植物区，以满足受气候温度等环境影响的植物的生长需求。如上海辰山植物园温室展区是一个浓缩的热带植物园，温室分为几个馆区，由热带花果馆、沙生植物馆和珍奇植物馆三个单体温室组成温室群，里面有仙人掌、多浆植物、棕榈科、兰花类以及其他热带植物。

四、植物配置的实际应用与造景原则

植物园的植物配置要做到植物种类多而不乱，分区细致而不繁杂，步移景异，季相明确。植物的种类繁多，应做到标示明确，而造景形式需要在变化中求统一。

植物园多作为科普性、娱乐性较强的公园．在游人休闲、娱乐的同时还可以学习科学知识。在植物造景搭配上以主调种类为主，适当搭配其他品种，来形成统一群类的植物群落。

1. 根据植物园绿地的性质发挥植物的综合作用

依据植物园的性质或分区绿地的类型明确植物要发挥的主要功能，明确其目的性。不同性质的植物分区选择不同的植物种类，体现植物不同的造景功能。如在科普展示区，植物造景时，应首先考虑树种的科普性功能，而在珍稀植物区，植物种类的特色美化功能则体现得淋漓尽致。不同的植物造景形式应选择不同的设计手法进行植物造景，创造优美的公园环境的同时又把整个园区的植物造景形式串联成一体。

2. 根据植物园的植物生态要求，处理好种群关系

在整个公园的生态环境里，很多种类的植物脱离了自己本土的生长环境，所以，本土植物与外来树种相互交错种植搭配，形成了一个新的生存空间，彼此影响着生长的环境，在进行造景搭配时要充分了解各类植物的生长习性，把握各类植物的生态特征，为植物园各生态群落营造良好的景观环境。

3. 植物造景的艺术性原则

植物景观对人的视觉会产生刺激作用，结合其他类景观元素，共同组合成景观环境，从而激发脑海深处对艺术美的感悟。植物园作为主题公园，环境的营造应该以欢快、神秘、舒心为主，植物的形态、色彩、风韵、芳香和氛围浓烈，因时体现出春意盎然、夏荫清澈、秋景意浓、冬装素裹的不同意境，使游客触景生情、流连忘返。

4. 植物园空间关系的营造

在任何植物景观中．任何一处植物的组合都很重要，植物园造景配置过程中，整体与局部要协调统一，应突出主题特色，充分展现植物造景后所形成的园林艺术效果，做到三季观花、四季有色、处处赏景。配置时可将速生树种与慢生树种相结合，乔灌草相搭配，构图时应注意合理搭配色叶植物、观花植物及树形植物之间的三维空间与平立剖之间的关系。

5. 植物园空间关系的营造

植物造景设计是植物园内植物景观体现的根本，既有科学技术的要求，又有艺术设计的展现。在植物造景过程中，突出各植物群落的季相性，搭配植物时注意各类植物之间的比例关系，无论观花还是观叶植物，首先确立一种基调树种，然后其他陪衬的植物占三分之一左右的比例，使所要表达的主题相对突出，明确设计意图，激发观赏者的视觉神经，给其留下深刻的印象。一般设计手法是：确立同类观叶或观花的树种，无论是叶色还是花色需要基本统一，在同一时间段观赏一个类别，如观叶的日本红枫、元宝枫、美国红枫、五角枫、三角枫等红黄色叶比例的搭配；赏花类的西府海棠、垂丝海棠、木瓜海棠、彩叶秋海棠等观花类植物花期的控制都是需要研究的重点，还有常绿植物与落叶植物、灌木与乔木之间的搭配比例以及花期与观叶期的时间也要

控制得恰到好处。常绿植物与落叶植物的比例一般控制在 1：3；专类乔木与花灌木的比例要以专类乔木占主导。合理的造景设计使花海与绿树相协调，展现植物的季相变化，让游客在不同的季节欣赏不同的美景。

以上海辰山植物园的矿坑花园、盲人植物园及水生植物区为例，我们一起来研究植物园造景的基本手法与技巧。上海辰山植物园位于上海市松江区辰花公路 3888 号，由上海市政府与中国科学院以及国家林业局、中国林业科学研究院合作共建，由德国瓦伦丁城市规划与景观设计事务所负责园区整体的设计规划，具有鲜明的现代综合植物园特征，具有典型的科研、科普和观赏游览的功能。植物园园区分中心展示区、植物保育区、五大洲植物区和外围缓冲区等四大功能区，和华东地区规模最大的植物园，同时也是上海市第二座植物园。

辰山植物园收集有 9000 余种特色植物种类，主要以具有经济、科学和园艺价值的种类为主，依据不同特色的植物，全园又设置了 26 个具有不同类别的特色园。专类园作为全园的核心展示区，植物设置根据世界植物园专类园的设置规范进行，并需符合辰山植物园的地理气候特点。在中心植物展示区，通过对地形的处理，其他景观元素的搭配，及适宜不同植物生长环境的营造，来完成对植物环境的前期设置。然后通过对植物进行种植设计、造景设计，使植物环境形成’风格各异、季相分明、步移景异的景观效果。其中矿坑花园、盲人植物园、水生植物园、岩石药物园等都颇具特色。植物种植时要做到突出特色树种，与其他陪衬树种栽植自然衔接，尽量避免人工化，将各种植物进行不同的配置组合形成千变万化的景观效果，给人以丰富多彩却又不杂乱的艺术感受。

（1）矿坑花园

矿坑花园在植物园的中部位置，是辰山植物园的重要景点之一，辰山植物园依据因地制宜、生态恢复的原则，将矿坑花园分为镜湖区、台地区、望花区和深潭区，花园设计将场地中的后工业元素、辰山文化与植物园的特性整合为一体。望花区的植物多以地被花卉为主，因为上海地区的气候特色，可以常年观花，望花区栽种超过 1500 种地被花卉，各种植物或依坡而种，或栽植于崖边壁旁，或丛植于游步道两侧，应用前高后底，或疏或密的造景手法，让游客如身临花的海洋，感觉置身于春野自然的梦幻境界。

（2）盲人植物园

植物造景不仅体现人们审美情趣，还要兼备生态自然、人文关怀等多种功能。以"一米阳光"为主题的辰山植物园盲人植物区，通过研究植物对社会特殊人群的植物景观影响进行配置，创造出能满足盲人的触觉、听觉及嗅觉等需求的造景组合．种植无毒、无刺，具有明显的嗅觉特征、植株形态独特的植物，创造出具有人文关怀的社会环境与自然环境。

（3）水生植物园

水生植物区作为辰山植物园的另一大亮点，水生植物种类最多、展示最为集中。其中分为观赏水生植物池、科普教育池、浮叶植物池、沉水植物池、食用水生植物池、禾本科与莎草科植物池、泽泻科异形叶植物池和睡莲科植物池。栽植时，根据每类水生植物的生长特性、生活环境形成唯一的景观特色，如靠近岸边分割成很多均等的种植块，种植挺水型水生植物，如荷花、千屈菜、菖蒲、黄菖蒲、水葱、、梭鱼草、芦竹、芦苇、香蒲、泽泻、旱伞草等。挺水植物植株高大，花色艳丽，绝大多数有茎、叶之分；直立挺拔，下部或基部沉于水中，根或地茎扎入泥中生长，上部植株挺出水面。还可以采用自然式设计，以植物原生地的生长状态为参考进行栽植，还原植物的野趣感觉。造景配置时可以挺水植物、浮水植物、水岸植物等自由搭配，但是要控制面积比例，主要展示的植物占主体，单类展示区域之内一般将三种以下的水生植物进行配置，过多会显得杂乱无章，不能体现主题。

为防止水岸植物在自然条件下成片蔓延生长，常采用种植池、种植钵的栽植方式，加上人工修剪以控制植物的长势．以保持最佳的观赏状态。

此外，还有专为儿童设计的儿童植物园，展示 50 种国内外珍稀濒危植物的珍稀植物园，收集品种达 500 个蔷薇属植物的月季园。还有华东区系园、药用植物园、植物造型园、珍稀植物园、旱生植物园、新品种展示园春景园植物系统园、国树国花园等园区，这里不一一列举。

第四节　动物园的植物造景

动物园作为城市文明发展的重要组成部分，具有其特殊性，在满足科学研究、科普教育、野生动物保护和休闲娱乐的需求的同时，植物景观在动物园景观中又具有重要特征。动物园的植物造景应尽可能还原动物原生地的生态特征，模拟相似的生存环境、活动空间，结合动物的生态习性和生活环境，创造自然的生态模式，并且使其具有躲藏、御寒、遮阴和有助繁殖的功能。

一、动物园植物造景的设计要求

动物园的植物造景既有一般公园的绿化特点，又有模拟动物自然生长环境的不同之处，植物具有提供部分饲料和保持水土的作用，还要求体现植物的功能与景观特色。动物园的植物造景应既为各种动物创造接近自然的生活场所，又要为游人展现美丽的花园般的公园环境。

动物园的植物造景力求体现生态、自然，植物搭配要恰到好处，不能复杂，同时植物覆盖要让游人有置身于美丽的大自然环境中的感觉，与动物的尽情戏耍构成美丽的天然图画。

动物展区的绿化形式多样化，不同动物的生态习性、生活环境不同，在植物配置上要呈现动物原生地的植物特色。大型动物区的视野要开阔，植物多以大乔木散植，结合地被植物；禽类区树木要密植，并且有枝叶繁茂的高大乔木供鸟类休息繁衍；灵长类区域要提供它们攀援嬉戏的孤植大树；兽舍外部都要尽可能地去进行绿化，同时需设置一定的私密及安静的环境。

动物园的道路与休息区应注意植物的密度与艺术景观效果，要给游人创造休息和遮阴的良好条件。满足游人参观的需求同时，要注意植物的遮阴及观赏视线的通透性，可种植乔木或搭花架棚，设置花坛、花境、花架及开花乔灌木等。

二、动物园植物的造景设计

1. 从组景的要求考虑

人们观赏动物的同时，还要了解、熟悉动物的生活环境，因此植物配置设计应尽量展现不同动物对植物群落的不同需求。如西安野生动物园，在猕猴区周围种植观果类植物，以造成花果山的氛围；在鸣禽馆栽各类观花小乔木，营造鸟语花香的画面。

2. 从动物的生活环境需要考虑

依据动物原生地的生活场景，再现动物原生地植物环境，根据不同地域营造不同植物景观与生态环境，增强真实感和科学性。如威海动物园在山顶大面积栽植油松，点缀杏、梅，创造优美又具有气势的滨海山地动物园特色；北京动物园在熊猫馆配植竹林还原大熊猫的生活场景；广州动物园的大象馆地段种植密林、棕榈类等，形成热带风光景观。动物园的植物环境相对特殊，依据动物园不同的地形，不同的动物区域绿地选用不同的空间围合。如鸣禽区、猛兽区、夜间活动类型动物区可用封闭性空间，与外界的嘈杂声、灰尘等环境隔离，形成了一个宁静、和谐的活动游览场所。动物园植物造景应选择避免对动物有害的植物。

3. 从场地环境考虑

动物园场地复杂多变，应依据地形与场地打造不同的场所环境。地形起伏较大或山石堆砌的地方种植根系相对发达的且观赏性较强的植物，如梅花、竹、连翘、棣棠、迎春、麦冬、鸢尾、结缕草等。在动物观赏区种植高大、枝冠茂密的乔木起到为游客、动物遮阴的作用。在休息区及道路广场节点的地方采用公园的一般造景手法，或孤植，或散植，结合绿境、草地为游人提供休憩、娱乐的场所。

动物园的植物造景应充分考虑植物林地的立体感和树形轮廓，通过高低、疏密的种植搭配和对复杂地形的合理应用，强化乔木形体的韵律美，丰富造景形式。

第五节　湿地公园的植物造景

湿地公园具有特殊的生态性，是被纳入城市绿地系统规划的，具有湿地的生态功能和典型特征的，以生态保护、科普教育、自然野趣和休闲游览为主要内容的公园，其植物景观有很强的地域特征。湿地公园的植物造景强调湿地生态系统特性和基本生物群落的保护和展示，突出湿地植物特有的自然景观属性，湿地公园重点体现湿地生态系统的生态特性和基本功能的保护、展示，突出湿地所特有的科普教育内容和自然文化属性。

一、湿地公园植物及其造景含义

湿地公园用地一般分旱地、湿地、沼泽、水体四种，植物选择用湿地、水生植物为主。植物大致分为陆生植物、浮水植物、挺水植物、沉水植物、海生植物以及沿岸耐湿的乔灌木、花草等滨水植物。在湿地公园植物造景中应用较多的有浮水花卉如睡莲、浮萍、凤眼莲、满江红、槐叶萍、菱等；挺水花卉如荷花、菖蒲、蒲草、荸荠、莲、水芹、茭白、香蒲、水葱、芦竹、芦苇等；滨水乔灌木如水杉、竹类、柳树、沙柳等。湿地公园的造景植物根据其生理特性和景观需求可以分为水面植物、水边植物、驳岸植物、场地植物四类，在不同的区域和气候条件下植物的种类又各不相同。湿地公园植物造景，在植物生长能够满足当地生态环境条件的前提下，尽量配置观赏价值较高的水生植物，运用艺术的手法，科学及合理规划水体形态并营造湿地景观。

二、湿地公园植物的园林应用特点

湿地公园的植物依据不同的生态环境种植搭配，水生植物种类繁多、资源丰富，造景手法应相对单一，以避免杂乱无章。在湿地公园中，依据不同的功能分区，植物搭配各有特色。湿地公园的植物造景配置还要兼顾总园区的竖向设计，以及植物种类的整体布局。

（1）水面

是湿地公园重点体现的部分，水面植物的栽植应疏密有致，要与水面的功能分区结合，占用水面面积一般不超过三分之一，水面植物还要考虑植物高度与单类植物的种植面积，与岸边、驳岸植物遥相呼应，形成了水景倒影特色，还应考虑水生动物的生活场所及观赏性。

（2）岸边的造景

植物如芦苇、芦竹、菖蒲等形态优美，可以丰富岸边景观视线、增加水面层次、突出自然野趣。

（3）驳岸

无论在造型还是竖向设计上形态各异，其造景模式也有很多种。驳岸种植多选择冠型茂密，枝条伸展、优美的树种，如垂柳、旱柳、水杉、池杉等。结合丛生植物，如种植在岩石、壁隙的迎春、棣棠、花灌木、地被、宿根花卉和水生花卉如鸢尾、菖蒲等组成图案式的植物景观。

（4）其他场所

植物应符合湿地公园植物造景的特色需求，满足了游人游览之余休憩的需要。

三、湿地公园植物景观设计

（1）湿地公园的植物造景

按植物的生态习性设置深水、中水、浅水和陆生栽植区。结合自然水系或人工水景（如瀑布、叠水、小溪、汀步等）创造丰富的景观效果。在种植设计之上，按水生植物的生态习性选择适宜的深度栽植，高低错落、疏密有致。

（2）在林地保护带功能区及全园植物景观设计中

要充分考虑人在游览过程中对植物产生的亲近性的情感需求，为满足景观需求、生态需求可在现有植被的基础上适度增加植物品种，进而完善植物群落，美化植物景观效果。

（3）植物群落的合理搭配

从生态功能考虑，应选用可以固土防沙、净化水系的植物，在带有坡度的区域种植根系发达的地被植物防止水土的流失。在植物造景方面，尽量模拟自然湿地中各种植物群落的组成和分布状态．将各类水生植物进行合理搭配，还原自然的多层次水生植物景观特色。

（4）保持湿地水域环境和陆域环境的完整性

避免湿地环境的过度分割而造成的环境退化；保护湿地生态的循环体系和缓冲保护地带．避免城市发展对湿地环境的过度干扰。在重点保护区外围建立湿地展示区，重点展示湿地生态系统、生物多样性和湿地自然景观，开展湿地科普宣传和教育活动。

四、湿地公园岸线植物造景

湿地公园的岸线植物丰富了水系景观特色，使整个公园的水域、沼泽、湿地与陆地之间起到了很好的过渡作用。在湿地公园，驳岸的设计多以原土地、碎石卵石组成，所以植物配置要依据驳岸的特点进行布置。驳岸多为自然式或规则式，根据景观需要也会两种模式结合，也就是常说的复合式驳岸。在进行植物造景搭配时，规则式驳岸构成形式相对单一、呆板，视觉效果弱，植物要选择枝条飘逸、干形苍穹的树种，如垂柳等；适当搭配迎春、金钟花、绣线菊等丛生性状优美的灌木，形成了优美的水景岸线植物景观。

公园植物造景是现代园林景观的重要组成部分，作为景观设计工作者，应该尊重自然生态的可持续发展，在进行植物造景时应该以人为本，以恢复自然生态景观、创造和谐景观环境为己任。充分发挥植物的环境功能，形成丰富的植物群落，展现季相各异的植物景观，遵循生态理念打造合理的和丰富多彩的空间序列，满足人们对自然景观的需求。

第九章 现代城市园林景观规划发展研究

第一节 现代城市园林景观设计理念发展

随着人类社会的发展，园林景观已经成为社会生活的重要组成部分。园林景观设计与建设越来越受到社会的重视，从自然人化到人化自然，设计理念对园林景观的发展起着重要的支撑和推动作用。综合当前理论界和学术界的主要观点，园林景观设计大体有以下几种理念。

一、文化理念

当前园林景观设计不再局限于人居空间及环境的一种点缀与美化的功能，更加注重和突出其文化的内涵。这一点已越来越为业内人士认同与接受。

一是塑造文化灵魂。王振复教授认为："设计的最高美学原则是自然的文化。设计是一种意绪，一种感觉，甚至是一种心理氛圈，一种审美态度，一种文化理想。建筑是一种大地文化大地哲学，伟大的哲学家把他们的思想写在书里面，而伟大的建筑师就是把他的哲学写在大地上。"

二是民族性和地域性。在多元文化时代中，园林景观并不排斥外来文化，提倡学习借鉴，但同时强调应更加注重文化的"民族性"和"地域性"。刘青林教授及设计师韩辉强调：关注当地文化，将一个地区的自然景观、历史文脉及人文特性，有机结合，营建具有当地特色的园林景观类型以及满足当地人们活动需求与符合当地人们审美标准的空间场所。尤其在全球经济一体化的潮流下，中国现代园林更需要保持本土自然文化特征。

三是文化多样性统一。当前园林景观学反对把文化简单化和单一化理解，强调民族文化、地域文化、历史人文等多样文化的和谐统一。如房木生认为：文化也分好几种，有宏观的，在一些小的方面也有文化．只是角度不一样。设计师可以因势利导，将这种整体层面的文化与场地特征结合起来。四是保持个性文化特征。吸收外来文化，应避免忽略民族的和当地的文化，保持个性文化特征，保留了其场地的物质元素或文化内涵。

二、和谐理念

景观设计是一种人化自然，既要体现人的智慧，人的创造，也要适应自然要求，达到人与自然的和谐。

一是"天人合一"理念。"天人合一"精神贯穿于我国整个古代文化思想史，中国古典园林文化也浸润着"天人合一"思想的精髓。中国园林在营构布局、配置建筑山水、植物上，竭力追求顺应自然，着力显示纯自然的天成之美，并力求打破形式上的和谐和整一性，模山范水成为中国造园艺术的最大特点之一。

二是全面和谐理念。园林景观不仅仅追求人与自然的和谐，更强调人与人。人与自然、人与社会、自然与自然、人与自我的全面和谐。人与自然的和谐、人与社会的和谐、人与人的和谐，落实到最后就是人本身的和谐，"城市，让生活更美好"最终是要落实到人的和谐之上。

三、可持续发展理念

园林景观设计总体上是促进人居环境发展、城市建设的发展和城市功能完善，进而促进社会、经济等发展进步。因此，园林景观设计必须考虑发展的可持续性，避免成为持续发展的阻障。

一是统筹可持续发展。持该理念者认为，景观是一个综合的整体，系统的工程，也要符合自然规律，遵循生态环境的原则，在设计中具有环境可持续发展的理念，以及通过明智的远近总体规划和详细布局规划，从而达到园林设计与环境可持续发展的和谐。

二是资源节约型可持续发展。主张园林景观应该注重资源节约，实现土地、植被、水等资源的节约和合理应用，实现经济、社会可持续发展。美国盛行的"绿色基础设施"，我国俞孔坚教授提出的"生态基础设施"，都是追求资源节约和环境友好型可持续发展目标的。如沈淑红倡导节水型园林，指出节水型园林是城市可持续发展的必然要求。提倡营造耐旱风景、节水景观。俞孔坚博士将当代景观设计学定义为"生存的艺术"，呼唤责任，让未来的园林景观给人类生存的城市撑一把生态的"绿色大伞"。

三是社会层面可持续发展。这一理念强调保护人类居住环境，尊重人类居住习惯和对"故土"的依恋情感。遵循可持续发展的绿色设计理念。例如俞沛雯认为有归属感的社区环境是"社会层面可持续发展"的重要指标。

四、生态理念

园林景观是生态环境的有机组织部分，遵循生态理念是园林景观设计的应有之意。在园林设计中追求生态友好目标与构建生态型社会的总体目标是一致的。

一是资源循环利用理念。这种理念强调减少对资源的掠夺式开发，避免片面追求传统的空间视觉效果的形式层次，追求资源的循环利用，推行了生态设计，达到人与自然共生的理想。让生态主义设计贯穿园林景观全过程。

二是和谐关生理念。景观是一个综合的整体，系统的工程，它是在一定的经济条件下实现的，必须满足社会的功能。园林景观设计也要符合自然的规律，遵循生态环境的原则。景观设计从本质上说应该是对土地和户外空间的生态设计，从更深层的意义上讲，景观设计是人类生态系统的设计。因此，再生、节能、野生植物、废物利用等等，构成园林景观生态设计理念中的关键词汇，以实现生态环境与人类社会的利益平衡和互利共生。

三是"低碳城市"理念。园林景观设计应尽可能地减少煤炭、石油等高碳能源消耗，减少温室气体排放。达到经济社会发展与生态环境保护双赢的一种经济发展形态。

现在美国一些主流的景观建筑师比较关注"低碳城市""生态恢复"的概念，并且注重亲身实践。这和对于已经走过的工业化的反思和忏悔分不开。生态城市及低碳城市营建等也是园林景观设计需要的一种视野范围，是园林景观业者的一种职业精神。

五、传承与创新理念

园林景观设计是设计艺术，也是文化，更经历了历史的继承与发展。当今的园林景观设计离不开前人的历史积淀，也依赖于创新激活园林景观设计的生命与发展活力。

一是文化的传承。园林景观设计亦是传承中国文化的载体，中国几千年历史文明在园林景观发展中留下了耀眼的光华与精髓的积淀，形成中华园林景观的独特风采，也使中国古典哲学思想在园林景观中得以充分体现。

另外，中国古典园林堪奥（风水）与形式美是相互交融的。堪奥与形式美的结合运用是今天的景观设计师们要具备的素质，是再创自然和谐的人居环境的重要内容。

二是设计风格的传承。民族的才是世界的。中国园林享誉世界，保持民族特色是中国园林景观生命力的体现。中国自然山水园在世界园林景观中独树一帜，创造辉煌。中国传统园林的精髓依然是今天园林景观设计秉承的遵循。

三是追求设计创新。中国园林景观珍视传统的价值，注重场地、空间时效地域景观、简约、生态对立统一、科学、个性的设计理念，反对一味地模仿过去，在设计观念、组景因素上不断创新。打破地域界限，运用高科技手段和全新的艺术处理手法对传统的方法进行深层次开发，将水景、石景及栽植建筑等结合现代理念进行再塑。

六、人本理念

以人为本，一切为了人。是园林景观设计、建设的根本。所谓"城市，让生活更美好",实质上就是指城市让人更美好,让人的精神更美好,更和谐。景观行业说到底最终是为了方便群众使用和使他们有一个好的生存环境。所以,"以人为本"是园林景观设计的出发点和归宿。

第二节　现代城市园林景观造型规划发展

一、园林绿化存在的问题

1. 老城区绿地率不高,屋顶绿化和垂直绿化不广

近年来的绿化建设使城市绿化面貌有了很大改观,但城市绿化面临的任务仍十分艰巨。特别是老城区的中心城区,绿地率低下。而这一区域又是人口集聚的中心,因此提高和完善这一区域的绿化尤其重要。目前城市绿化最大的难题是旧城区缺少绿化土地,而屋顶绿化和垂直绿化在一定程度上弥补了这个缺陷,但是屋顶绿化建设屈指可数。

2. 绿化养护资金缺少,居住区绿化养护管理体制不完善

绿化养护资金是决定养护质量的关键因素,目前出现一部分老居住区的绿化养护仍由政府承担,一部分居住区无物业管理,造成绿化无人养护,一部分居住区有物业管理,但养护费用标准偏低的现象,使得居住区绿化养护主体不明、责任不清,甚至出现了一年绿、二年荒、三年光的现象。因此需逐步培养业主承担养护经费的养护模式。此外,部分地区绿化管理机构设置也存在问题。

3. 低价中标,工程质量难以保证

园林建设工程的招标采取无底价竞标法(最低价竞标)、有标底竞标法等形式,几年前大量采用有标底竞标或邀请招标法,都因招标执行过程中存在人为操作过程而告终。目前的招标方法普遍采用最低价竞标法。所谓低价中标,其最根本目的是追求价廉物美,是公平竞争优胜劣汰的重要手段,是参照世行贷款项目及国际上通行的低价中标原则的结果,是市场经济的必然选择。当前我国工程建设领域许多项目均采用"经过评审,选择投标价最低的投标人中标"的方式。这种方法理论上对建设工程的成本控制,对招标过程中人为操作起到很好的作用,但随之带来的后遗症也很多。

二、发展城市的园林景观规划

1. 自然环境承受力检测

生态的可持续发展的设计方法,首先应当进行自然环境承受力检测。自然环境承受力检测,是指检测人类的规划、措施和行为对每个自然界的元素及其网络体系带来的影响。必须明确这种影响是否很显著,若影响不是很大,则该规划是"可以承受"

的，如果造成的影响很显著，则必须研究如何通过其他方法和措施来减少这种影响。如德国的"对城市规划方案自然环境承受力检测"，第一步是检查建设计划有没有对自然界和景观造成明显的破坏，对环境有明显破坏的方面被详细地记录到"自然环境承受力检查报告"中，该报告包括调查、描写和评价规划和设计所触及的所有对象。第二步，要检测以什么样的方式可以避免对自然环境的破坏，或使之最小化。不得已而存在的破坏，要通过一定的方式进行补偿。

2. 在规划中尽量避免对自然界的破坏

在进行新的规划和设计时，为了避免对自然环境造成巨大的影响，应首先进行环境影响研究，并把研究的结果作为规划设计的条件。科研人员通过对植被调查、地面打孔及对周边环境的调查研究（气候／空气、表面水、动物世界），得出生态方面的重要数据，并提出设计前提条件。例如在气候方面可根据季节和通风情况来约束未来建筑的形状，限制楼层高度，保留新鲜空通风道。提出了对自然生态的要求、物种保护的限制以及外围区域建设的建议等。明确的生态要求会帮助解决问题，有助于形成可持续性发展方案。

3. 发展城市周边自然景观

在快速推进城市化进程中，在核心城市外围建造众多新居住区，使大量绿地景观空间被侵蚀。城市周边原有的自然生态系统被破坏，出现了社区之间的"真空地带"，或者由于原有工厂搬迁所形成的弃置地，使地块生态系统生产力降低、生物多样性减少或丧失、土壤养分维持能力和物质循环效率降低。改善这些区域的生态环境能够增加城市内动植物物种的丰富性、改变区域小气候和城市景观，对城市空间和市民生活起越来越重要的作用。生态化是进行城市周边自然景观规划设计的原则。利用自然过程，采取自然演替方法是重要的手段，包括采用乡土物种，恢复植被群落与演替，改善土壤质量，恢复自然河道与水的自然过程等，以提高自然生态系统生产力和稳定性。

4. 减少能源需求

现代社会的发展依赖于能源的消费。预测到 2050 年对能源的消费需求量将比现在翻两到三倍。生态的可持续发展的设计，要求更有效的使用能源，并且充分利用可再生性能源。我国快速城市化进程带来大量的建设，建筑的节能和可再生性的开发应当受到应有的重视。在规划和设计，得优先考虑减少能源的需求，并与整体性生态规划相结合。

第三节　未来城市园林景观发展趋势

随着我国经济持续发展，居民生活水平日益提高，社会公众更加注重生活质量，对城市园林需求不断增长。在此背景下，园林景观设计重要性凸显，为满足社会对城市园林的需求作出巨大贡献。

园林景观设计是综合性很强的学科，涉及设计学、生态学、植物学、建筑学、气候学等，稍有不慎便会失败，这也是当代园林景观存在问题很大的主要原因之一。

我国园林景观设计起步较晚，在发展过程中难免出现这样那样的问题，如设计风格崇洋媚外、园林主题哗众取宠、设计理论脱离实际、规范体系不健全等。这类问题的存在，制约着园林景观设计行业的进一步发展。

上述问题产生的原因较复杂，其中主要的是设计与施工衔接不紧密、景观设计与实际施工脱节。更深层次的原因则是景观设计师把握不准，没能以人为本地创造合适的环境。实上，园林景观设计对设计师的综合能力和知识水平要求很高，如果设计师仅有局部或片面的知识体系，终只会导致景观建成效果不尽如人意。

未来，景观设计师应当顺应行业发展趋势，体现人文关怀设计原则，创造出舒适合理的园林景观环境，满足现代城市发展生态建设的需求。

参考前瞻产业研究院《中国景观设计行业市场前瞻和投资战略规划分析报告》指出，当前园林景观设计的发展趋势主要有四个方面。

其一，更注重人性化，体现人文关怀。园林景观设计终目标是满足人的需求，因此要贯彻以人为本的理念，尊重人的感受，把人本身及人的体验放在核心位置，创造更加入性化、更加舒适的园林环境。

其二，尊重地方差异，体现区域特色。在上述以人为本的设计理念中，前提必须建立在充分尊重自然文化、历史和地方差异的基础上。所以，随着园林景观设计行业不断发展，体现区域的文化特色成为环节。

其三，把握自然发展规律，分了解自然。未来景观设计行业的发展必然回归自然，回归生态。因此，把握好自然发展规律，充分地了解自然，掌握自然规矩，维护生态价值，才能谋求更长远的发展。

其四，营造纯净空间，注重植物造景。植物造景是园林景观设计的常见手法，能够体现空间的层次感，更为合理地服务于空间环境的打造以及营造纯净空间。

参考文献

[1] 郭媛媛，邓泰，高贺主编．园林景观设计 [M]．武汉：华中科技大学出版社．2018.

[2] 周增辉，田怡主编．园林景观设计 [M]．镇江：江苏大学出版社．2017.

[3] 王红英著．园林景观设计 [M]．北京：中国轻工业出版社．2017.

[4] 王冬梅主编．园林景观设计 [M]．合肥：合肥工业大学出版社．2015.

[5] 徐云和主编．园林景观设计 [M]．沈阳：沈阳出版社．2011.

[6] 王冬梅著．园林景观设计 [M]．合肥：合肥工业大学出版社．2017.

[7] 李征编著．园林景观设计 [M]．北京：气象出版社．2011.

[8] 胡晶，汪伟，杨程中著．园林景观设计与实训 [M]．武汉：华中科技大学出版社．2017.

[9] 丛林林，韩冬编著．园林景观设计与表现 [M]．北京：中国青年出版社．2016.

[10] 何雪，左金富主编．园林景观设计概论 [M]．成都：电子科技大学出版社．2016.

[11] 路萍，万象编著．城市公共园林景观设计及精彩案例 [M]．合肥：安徽科学技术出版社．2018.

[12] 邵李理，金鑫，全婷婷．SketchUp 2016 辅助园林景观设计 [M]．重庆：重庆大学出版社．2018.

[13] 杨湘涛著．园林景观设计视觉元素应用 [M]．长春：吉林美术出版社．2018.

[14] 杨云霄．PhotoshopCS6 辅助园林景观设计 [M]．重庆：重庆大学出版社．2016.

[15] 刘波编著．园林景观设计与标书制作 [M]．武汉：武汉理工大学出版社．2016.

[16] 廖建军．园林景观设计基础 第 3 版 [M]．长沙：湖南大学出版社．2016.

[17] 朱宇林，梁芳，乔清华著．现代园林景观设计现状与未来发展趋势 [M]．长春：东北师范大学出版社．2019.

[18] 王宇，殷悦，高家骥主编．园林景观设计手绘快速表现 [M]．石家庄：河北美术出版社．2017.

[19] 刘红丹编著．园林景观设计与表达 [M]．沈阳：辽宁美术出版社．2014.

[20] 李修清，汪洋，陈芳编．AutoCAD 2016 中文版园林景观设计教程 [M]．北京：中国青年出版社．2018.

[21] 万象，路萍编著．住宅区园林景观设计及精彩案例 [M]．合肥：安徽科学技术出版社．2016.

[22] 徐景文主编．计算机辅助园林景观设计 AutoCAD2012[M]．武汉：武汉理工大学出版社．2016.

[23] 宋彬编著．应用设计 园林景观设计 [M]．沈阳：辽宁美术出版社．2014.

[24] 刘永福编著．中国设计 园林景观设计 [M]．沈阳：辽宁美术出版社．2014.

[25] 马克辛编．中国设计基础教学研究与应用 园林景观设计与表现 [M]．沈阳：辽宁美术出版社．2016.

[26] 全利，杜涛编著．现代园林景观设计教程 [M]．重庆：西南师范大学出版社．2013.

[27] 华克见主编．小城镇园林景观设计指南 [M]．天津：天津大学出版社．2014.

[28] 余俊，谭明权主编．Auto CAD 辅助园林景观设计 [M]．重庆：重庆大学出版社．2014.

[29] 廖建军主编．园林景观设计基础 [M]．长沙：湖南大学出版社．2019.

[30] 竹丽，房黎主编；卢素英，常春丽副主编．全国高等职业教育园林类专业"十三五"规划教材 园林景观设计 [M]．郑州：黄河水利出版社．2016.

[31] 青铜编著．梦栖之地 园林景观设计与欣赏 [M]．北京：新世界出版社．2013.

[32] 刘波编著．园林景观设计标书制作 [M]．武汉：武汉理工大学出版社．2012.

[33] 王洪成，吕晨著．园林景观设计要素 [M]．天津：天津大学出版社．2017.

[34] 李鸣，柏影著．完全绘本 园林景观设计手绘表达教学对话 [M]．武汉：湖北美术出版社．2014.

[35] 刘波，叶瑜编著．园林景观设计与标书制作 [M]．武汉：武汉理工大学出版社．2007.

[36] 徐景文主编．计算机辅助园林景观设计 AutoCAD 2012 篇 [M]．武汉：武汉理工大学出版社．2013.

[37] 武汉市园林建筑规划设计院编．园林景观设计图集 [M]．武汉：华中科技大学出版社．2017.

[38] 张立博主编．中新天津生态城园林景观设计 [M]．上海：上海科学技术出版社．2013.